数据挖掘与算法

漆圆方　主编

合肥工业大学出版社

图书在版编目(CIP)数据

数据挖掘与算法/漆圆方主编. —合肥:合肥工业大学出版社,2024.10(2025.1重印).
ISBN 978 - 7 - 5650 - 6827 - 0

Ⅰ.TP274

中国国家版本馆 CIP 数据核字第 20245P59U6 号

数据挖掘与算法

漆圆方　主编　　　　　　　　　　　　　　责任编辑　许璘琳

出　版	合肥工业大学出版社	版　次	2024 年 10 月第 1 版
地　址	合肥市屯溪路 193 号	印　次	2025 年 1 月第 2 次印刷
邮　编	230009	开　本	787 毫米×1092 毫米　1/16
电　话	基础与职业教育出版中心:0551 - 62903120	印　张	10.25
	营销与储运管理中心:0551 - 62903198	字　数	243 千字
网　址	press. hfut. edu. cn	印　刷	安徽联众印刷有限公司
E-mail	hfutpress@163. com	发　行	全国新华书店

ISBN 978 - 7 - 5650 - 6827 - 0　　　　　　　　　　　　定价：42.00 元

编 委 会

主　编　漆圆方

副主编　刘宇中　韩伟东

编　委　方天卉　万德芬　王文江

前　言

　　随着信息技术的发展和大数据时代的来临，数据挖掘与算法成了财务领域中不可或缺的重要工具。为适应国家发展战略需求，推动经济转型升级，本书以习近平新时代中国特色社会主义思想为指导，认真贯彻习近平总书记关于大数据和财务领域的重要论述，紧密结合党的二十大精神，致力于培养符合新时代要求的高素质应用型人才。

　　本书在编写过程中，一方面，以"Python基础"课程内容为基础，提供了大数据的各模块典型业务场景以供相关专业学生学习；另一方面，为了适应新形势下高等院校向培养应用型人才转型的新需求，遵循"强技能、重能力、求创新、重应用"的原则，本书在知识内容上按照"够用、适用、实用、新颖"的要求，系统地介绍数据挖掘的基本原理、基本技能及基本方法，同时采用最新实例和相应练习以实现知识点的具体应用，为后续课程的学习和大数据财务实验实训做铺垫。本书不仅可以满足应用型高等院校财务管理、会计学等专业对教材的需求，而且注重数据挖掘知识及算法在实务中的应用，也可作为实务操作的参考用书。

　　本书具有以下特色：

　　第一，遵循新算法、新数据、新模型、新智能的"四新"特点，教材内容紧跟大数据和财务领域发展趋势，具有很强的实务可操作性。

　　第二，注重理论与实践相结合。一方面，本书从理论上介绍数据挖掘与算法的基本知识和基本技能，做到知识结构合理、逻辑严密；另一方面，本书将数据挖掘与算法的基本知识和基本技能运用到具体实例中，解决实务中的实际问题，培养学习者分析问题、解决问题的能力。

　　第三，注重"通"和"专"的结合。本书既突出数据挖掘与算法的自身特色，又充分考虑了与其他专业课程的衔接及对后续课程的铺垫；同时，本书对基本知识和基本技能的介绍保持了言简意赅、通俗易懂的风格，通过由浅入深、循序渐进的安排，构建全书的知识结构。

　　本书由江西应用科技学院教师和用友新道科技股份有限公司专业实践专家共同完成。

在本书编写过程中,作者基于多年积累的教学经验,参阅了大量同类教材与科研最新成果,通过走访多家相关企业并采用"校企合作"等方式深入了解数据挖掘与算法相关实务情况,得到了多家企业及有关院校师生的支持与帮助,对此我们表示衷心感谢。

本书的编写我们投入了大量时间和精力,但由于水平有限,书中疏漏、不足之处在所难免,恳请各位专家学者与广大读者批评指正。

编　者

2024 年 3 月

《数据挖掘与算法》课程思政设计一览表

章节	专业传授	思政素材	实施方法与路径	思政元素	素材二维码
第1章	生活中的大数据	大数据在行业中的应用	组织小组讨论:大数据在生活中的发展与应用。 设计目的:引导学习者不断提升自己的思考能力,能够了解大数据,发现数据背后的规律和趋势	培养探索精神、发散性思维	
第2章	数据挖掘与社会性	中华人民共和国数据安全法	案例讲解:讲解家用智能摄像头隐私泄露等案例及其危害。 设计目的:增强学习者对数据的保护意识,了解相关的法律法规,并且学习相关技术手段以保证数据的安全性	强调数据安全、隐私保护意识	
第3章	基尼指数	徐秋慧对中国基尼系数之惑	组织小组讨论:探讨学习徐秋慧对中国基尼系数之惑。 设计目的:鼓励学生对现有数据和研究进行批判性分析,让学生理解数据背后的复杂性,学会在不确定的信息中做出合理判断	培养批判性思维	
第4章	基于决策树识别信用卡数据欺诈行为	信用卡诈骗的量刑标准	扩展资料阅读:引用《中华人民共和国刑法》第196条的规定,讲解信用卡诈骗罪的5种类型,讲解信用卡相关知识。 设计目的:强调法律对这类行为的严格界定与惩罚,增强学生自我保护意识	强调法律意识、风险防范意识	
第5章	聚类评价指标	数据质量的重要性	内容融合:强调在聚类分析中保证数据质量的重要性,讨论数据清洗、验证的过程,以及错误数据对分析结果的影响。 设计目的:培养学生严谨的科学态度,认识到真实、准确数据对于科学研究和决策的重要性	培养严谨的科学态度	

（续表）

章节	专业传授	思政素材	实施方法与路径	思政元素	素材二维码
第6章	聚类应用	航空公司的营销策略	问题导向：让学生利用聚类结果，思考如何通过精准服务提升顾客满意度，针对不同的群体，制定产品或优惠方案。 设计目的：帮助学生运用所学的知识解决生活中的实际问题，增强对知识的掌握，以及增加学习兴趣	增强知识应用能力	
第7章	基于线性回归实现钢材价格影响因素分析	宏观经济政策对钢材价格的影响	结合钢材创设问题：钢材是怎么样生产的？钢材生产过程中有哪些危害？我国对钢材生产有哪些调控政策？宏观经济政策对钢材价格的影响有哪些？ 设计目的：引导学生理解国家政策对行业发展的宏观调控作用，以及企业如何顺应政策导向，调整生产结构，实现绿色低碳转型	树立环保理念、民族自豪感	
第8章	基于数据挖掘工具预测空调销售量	古今中外空调设计的智慧	扩展资料阅读：从古代建筑的自然通风设计到现代智能空调系统，介绍了古人利用建筑朝向实现良好自然通风，以及现代智能控制系统在节能减排方面的应用。 设计目的：通过对比古今案例，激发学生对传统文化的自豪感和对现代科技的兴趣	增强文化自信、民族自豪感	
第9章	为什么选择ARIMA算法	ARIMA算法在数据预测中的应用	扩展资料阅读：讲授ARIMA模型在不同场景下的灵活应用和模型的不断优化。 设计目的：鼓励学生在理解基本原理的基础上，勇于尝试模型的改良和新应用场景的探索，培养他们面对未知挑战的勇气和解决问题的能力	培养综合能力	
第10章	数据挖掘工具之基于ARIMA模型预测公司下期现金流	预测资金流动信息时的诚信原则	内容融合：强调在预测及报告资金流动信息时的诚信原则，以及在资金管理中遵守法律规范，反对操纵市场、内幕交易等不正当行为。 设计目的：教育学生认识到真实、准确的数据对于市场稳定和投资者信心的重要性	强调诚信意识	

（续表）

章节	专业传授	思政素材	实施方法与路径	思政元素	素材二维码
第 11 章	文本挖掘应用	文本挖掘在各行业的应用	视频展示：展示文本挖掘在各行各业中能够从海量的文本数据中自动发现模式、关联、趋势和隐含知识，从而更好地帮助人们进行决策。 设计目的：有效信息往往是人工难以直接识别或总结的。这对于科学研究、商业决策、政策制定等领域来说，意味着巨大的知识宝藏和创新机会，通过此视频的学习可以增强学生的知识探索创新能力	知识发现、探索与创新	
第 12 章	基于情感分析的股民情感分析	负面情感股市中的传播	内容融合：通过股民评论数据，分析负面情感如恐惧、焦虑在股市中的传播。 设计目的：教导学生理解市场波动的正常性，强调长期价值投资而非短期逐利的重要性；同时，引导学生认识到投资需基于充分的信息分析和理性判断，而非受情绪左右	树立风险意识、稳健的投资理念	
第 13 章	逻辑回归	利用逻辑回归算法优化资源分配、节能减排	问题导向：引入可持续发展目标，引导学生思考如何运用逻辑回归算法技术为社会的可持续发展贡献力量。 设计目的：让学生能够充分发挥主观能动性，为节能减排贡献力量	强调环保意识、增强社会责任感	
第 14 章	基于逻辑回归预测员工流失	"黄金定律"二八法则	案例分析：通过分析各国人才政策，如硅谷创新生态、德国工匠精神等，强调创新型人才对于科技进步、产业升级的推动作用。 设计目的：激励学生投身科研创新，为国家发展贡献力量	树立正确价值观、民族使命感与爱国情怀	

目　　录

第1章 大数据认知

✎ **学习目标**

- 了解大数据的概念、应用及发展史。
- 理解大数据的本质及分类。
- 掌握大数据算法。

1.1 大数据时代

最早提出"大数据"时代到来的是全球知名的麦肯锡咨询公司(Mckinsey & Company)。麦肯锡称:"数据,已经渗透到当今每一个行业和业务领域,成为重要的生产因素。人们对于海量数据的挖掘和运用,预示着新一波生产率增长和消费者盈余浪潮的到来。"大数据在物理学、生物学、环境生态学等学科,以及军事、金融、通信等行业存在已有时日,却因为近年来互联网和信息行业的发展而引起人们关注。

2012 年,"大数据"(big data)一词越来越多地被提及,人们用它来描述和定义信息时代产生的海量数据,并以此命名与之相关的技术发展与创新。

2017 年 3 月,我国的《政府工作报告》指出,2017 年工作的重点任务之一是加快培育新兴产业,促进数字经济加快成长,让企业广泛受益、群众普遍受惠。这是"数字经济"首次被写入《政府工作报告》。

现阶段,数字化的技术、商品与服务不仅在向传统产业进行多方向、多层面与多链条的加速渗透,即产业数字化,而且在推动如互联网数据中心(Internet Data Center,IDC)建设与服务等数字产业链和产业集群的不断发展壮大,即数字产业化。中国重点推进建设的 5G 网络、数据中心、工业互联网等新型基础设施,本质上就是围绕科技新产业的数字经济基础设施,数字经济已成为驱动中国经济实现又好又快增长的新引擎,数字经济所催生的各种新业态,也将成为中国经济新的重要增长点。而大数据已成为数字经济这种全新经济形态的关键生产要素,通过数据资源的有效利用及开放的数据生态体系使得数字价值充分释放,驱动传统产业的数字化转型升级和新业态的培育发展,以提高传统产业劳动生产率,培育新市场和产业新增长点,促进数字经济持续发展创新。

1.2　生活中的大数据

在现今的社会,大数据的应用优势越来越显著,应用的领域也越来越大,如电子商务、O2O、物流配送等。随着大数据相关技术的应用,企业对于消费者行为的判断、产品销售量的预测、营销方式的确定及存货的补给等已经得到全面的改善与优化。

1.2.1　大数据在金融行业的运用

证券公司和银行运用大数据技术进行数据分析,通过对数据的监控和分析,有效规避风险。

金融行业面临的行业挑战有很多,而证券欺诈、超高金融分析、信用卡欺诈和企业信用风险等行业内面临的种种问题,都需要大数据发挥其预测的核心功能,有效规避风险。

1.2.2　大数据在娱乐媒体的运用

大数据在娱乐媒体领域也有广泛应用。例如,通过社交媒体的明星"粉丝"数量分析和行业内新闻动态,可以预测影视视频的播放量和受喜爱程度;通过智能产品的点击量和浏览量,可以推测用户的个性偏好,并且推荐其喜爱的产品。之前大火的美剧《纸牌屋》,就是通过大数据分析选取适合网友的视频偏好和明星选择,由此产生较高的播放量。

社交媒体和娱乐行业的大数据分析,也在一定程度上引导着观众和"粉丝",促使其在娱乐领域进行消费。

1.2.3　大数据在医疗行业的运用

医疗行业可以通过用户的身体情况和大量病例数据分析,进行有效预防,以降低用户的患病率。

1.3　大数据简史

2005 年,Hadoop(分布式计算)项目诞生。Hadoop 最初只是雅虎公司用来解决网页搜索问题的一个项目,后来因其技术的高效性,被 Apache Software Foundation 公司引入并成为开源应用。Hadoop 本身不是一个产品,而是由多个软件产品组成的一个生态系统,这些软件产品共同实现全面功能和灵活的大数据分析。从技术上看,Hadoop 由两项关键服务构成:采用 Hadoop 分布式文件系统(HDFS)的可靠数据存储服务,以及利用一种叫做 Map Reduce 技术的高性能并行数据处理服务。这两项服务的共同目标是提供一个使对结构化和复杂数据的快速、可靠分析变为现实的基础。

2008 年末,"大数据"得到部分美国知名计算机科学研究人员的认可,业界组织计算社区联盟(Computing Community Consortium)发表了一份有影响力的白皮书《大数据计算:

在商务、科学和社会领域创建革命性突破》，它提出，大数据真正重要的是新用途和新见解，而非数据本身，因此使人们的思维不再局限于数据处理的机器。此组织可以说是最早提出"大数据"概念的机构。

2009 年，印度政府建立了用于身份识别管理的生物识别数据库；联合国全球脉冲项目已研究了如何利用手机和社交网站的数据源来分析预测从螺旋价格到疾病暴发之类的问题。

2010 年 2 月，肯尼斯·库克尔在《经济学人》上发表了长达 14 页的大数据专题报告《数据，无所不在的数据》。库克尔在报告中提到："世界上有着无法想象的巨量数字信息，并以极快的速度增长。从经济界到科学界，从政府部门到艺术领域，很多方面都已经感受到了这种巨量信息的影响。"科学家和计算机工程师已经为这个现象创造了一个新词汇——大数据，库克尔也因此成为最早洞见大数据发展趋势的数据科学家之一。

2011 年 2 月，IBM 的沃森超级计算机每秒可扫描并分析 4TB（约 2 亿页文字量）的数据，并在美国著名智力竞赛电视节目《危险边缘》（*Jeopardy*）中打败两名人类选手而夺冠。后来，《纽约时报》将这一刻称为一个"大数据计算的胜利"。

2011 年 5 月，麦肯锡全球研究院（MGI）发布了一份报告——《大数据：创新、竞争和生产力的下一个新领域》，大数据开始备受人们关注，这也是专业机构第一次全方位介绍和展望大数据。报告指出，大数据已经渗透当今每一个行业和业务职能领域，已成为重要的生产因素。人们对于海量数据的挖掘和运用，预示着新一波生产率增长和消费者盈余浪潮的到来。报告还提到，"大数据"源于数据生产、收集的能力和速度的大幅提升——由于越来越多的人、设备和传感器通过数字网络连接起来，产生、传送、分享和访问数据的能力也得到了彻底变革。

2011 年 12 月，我国工业和信息化部发布的《物联网"十二五"发展规划》中，将信息处理技术作为 4 项关键技术创新工程之一，其具体内容包括海量数据存储、数据挖掘、图像视频智能分析等，这些都是大数据的重要组成部分。

2012 年 1 月，在瑞士达沃斯召开的世界经济论坛上，大数据是主题之一，论坛发布的报告《大数据，大影响：国际发展的新可能性》（*Big Data，Big Impact：New Possibilities for International Development*）宣称，数据已经成为一种新的经济资产类别，就像货币或黄金一样。

2012 年 7 月，为挖掘大数据的价值，阿里巴巴集团在管理层设立"首席数据官"一职，负责全面推进"数据分享平台"战略，并推出大型的数据分享平台——"聚石塔"，为天猫、淘宝平台上的电商及电商服务商等提供数据云服务。此举是中国企业最早把大数据提升到企业管理高度的一个里程碑。阿里巴巴也成为最早提出通过数据进行企业数据化运营的企业。

2014 年，"大数据"首次出现在我国的《政府工作报告》（以下简称《报告》）中。《报告》指出，要设立新兴产业创业创新平台，在大数据等方面赶超先进，引领未来产业发展。"大数据"由此成为国内热议词汇。

2015 年，国务院印发《促进大数据发展行动纲要》（国发〔2015〕50 号），明确指出要"大力推动大数据发展和应用"，"培育高端智能、新兴繁荣的产业发展新生态。推动大数据与云计算、物联网、移动互联网等新一代信息技术融合发展,探索大数据与传统产业协同发展的新业态、新模式,促进传统产业转型升级和新兴产业发展,培育新的经济增长点。形成一批满足大数据重大应用需求的产品、系统和解决方案,建立安全可信的大数据技术体系,大数据产品和服务达到国际先进水平,国内市场占有率显著提高。培育一批面向全球的骨干企业和特色鲜明的创新型中小企业。构建形成政产学研用多方联动、协调发展的大数据产业生态体系。"这标志着发展大数据正式上升为国家战略。

2016 年 12 月,我国工业与信息部编制印发《大数据产业发展规划(2016—2020 年)》,提出的发展目标包括:到 2020 年,技术先进、应用繁荣、保障有力的大数据产业体系基本形成;加快建设数据强国,为实现制造强国和网络强国提供强大的产业支撑。

2019 年 10 月,党的十九届四中全会首次提出,数据可作为生产要素按贡献参与分配。

2020 年 3 月,《中共中央、国务院关于构建更加完善的要素市场化配置体制机制的意见》发布,提出"加快培育数据要素市场"。

2021 年,IDC(Internet Data Center,国际数据公司)发布的《中国数字政府大数据管理平台市场份额,2021》报告显示:2021 年中国数字政府大数据管理平台整体规模达 49.6 亿元人民币,年复合增长率为 25.3%,处于稳步增长阶段。中国正从数据大国迈向数据强国。

1.4 大数据的本质

1.4.1 大数据的定义

大数据指无法在一定时间范围内用常规软件工具进行捕捉、管理和处理的数据集合,是需要新处理模式才能具有更强的决策力、洞察发现力和流程优化能力的海量、高增长率和多样化的数据资产。

1.4.2 大数据的特征(4V 属性)

大数据的特征见表 1-1 所列。

1. 数据量大(Volume)

大数据的起始计量单位至少是 P(1000 个 T)、E(100 万个 T)或 Z(10 亿个 T)。

2. 类型繁多(Variety)

包括数据表、数据库、网络日志、音频、视频、图片、地理位置信息等,多类型的数据对数据处理能力提出了更高的要求。

3. 价值密度低(Value)

随着物联网的广泛应用,信息感知无处不在。信息海量,但价值密度较低,如何通过强大的机器算法更迅速地完成数据的价值"提纯",是大数据时代亟待解决的难题。

4. 速度快、时效高(Velocity)

处理速度快、时效性要求高是大数据区别于传统数据的最显著的特征。

表 1-1　大数据的特征

特　征	描　述
数据量大（Volume）	2018 年全球新产生的数据量为 33ZB,中国产生 7.6ZB,美国产生 6.9ZB,超过人类有史以来所有印刷材料数据总量
数据类型多（Variety）	包括结构化数据、半结构化数据、非结构化数据
数据价值密度低（Value）	价值需要深度挖掘,原数据本身价值低
数据时效性强（Velocity）	大数据往往以数据流的形式动态、快速地产生,具有很强的时效性

1.4.3　大数据与传统数据的区别

大数据与传统数据的区别见表 1-2 所列。

表 1-2　大数据与传统数据的区别

类　别	传统数据	大数据
数据对象	有限的采样样本	所有可用的数据,全数据样本
分析要求	追求结果的精确性	允许不精确和不完美,接受模糊的结论
分析结论	强调结论背后的因果关系	注重结论背后的关联关系,总结相关规则,不关心因果关系

1.5　大数据分类

从数据类型上来看,大数据可以分为三类:结构化数据、半结构化数据和非结构化数据。大数据的类型见表 1-3 所列。

表 1-3　大数据的类型

数据类型	表现形式	典型场景
结构化数据	数据库表等	企业 ERP、财务系统、HR 数据库等
半结构化数据	邮件、HTML、报表等	邮件系统、网页信息、报表系统等
非结构化数据	文本、图片、视频、音频等	在线视频内容、音频内容、图形图像信息等

1.5.1　结构化数据

结构化数据也称行数据,是由二维表结构进行逻辑表达和呈现的数据,严格地遵循数据格式与长度规范,主要通过关系型数据库进行存储和管理。简单来说,结构化数据就是数据库,结合典型场景更容易理解,如企业 ERP、财务系统、医疗 HIS 数据库、教育一卡通、政府行政审批,以及其他核心数据库等。

1.5.2　半结构化数据

和普通纯文本相比,半结构化数据具有一定的结构性,但它并不符合关系型数据库或其他数据表等形式关联的数据模型结构。其包含相关标记,用来分隔语义元素以及对记录和字段进行分层。

半结构化数据属于同一类实体但可以有不同的属性,即它们被组合在一起,而这些组合的属性又是无序的。常见的半结构数据有 XML、HTML 和 JSON。

1.5.3　非结构化数据

非结构化数据是数据结构不规则或不完整,没有预定义的数据模型,不方便用数据库二维逻辑表来表现的数据。非结构化数据包括所有格式的办公文档、文本、图片、音频、视频信息等。

非结构化数据的格式和标准具有多样性,同时在技术上非结构化信息比结构化信息更难以标准化和理解,所以存储、检索、发布及利用非结构化数据需要更加智能化的 IT 技术,如海量存储、智能检索、知识挖掘、内容保护、信息的增值开发利用等。

1.6　大数据算法

大数据处理的对象是各种各样的数据,如数字、文字、图像、音频、视频等,数据处理需要挖掘隐含在这些海量数据中的有价值的、潜在有用的信息,才能做出预测并进行决策支持,这个过程称为大数据挖掘。其主要基于人工智能、机器学习、模式学习、统计学等,同时也涉及某些算法模型的应用。

常见的大数据挖掘算法有回归分析、分类分析、聚类分析、时间序列、文本分析等。

1.6.1　回归分析

所谓回归分析,是在掌握大量观察数据的基础上,利用数理统计方法建立因变量与自变量之间的回归关系函数表达式(称为回归方程式)。

在回归分析中,当研究的因果关系只涉及因变量和一个自变量时,称为一元回归分析;当研究的因果关系涉及因变量和两个或两个以上自变量时,称为多元回归分析。此外,回归分析中,又依据描述自变量与因变量之间因果关系的函数表达式是线性的还是非线性的,分为线性回归分析和非线性回归分析。

利用回归分析进行预测,在实践中的应用十分广泛。例如,通过预测销售量来制定销售增长计划等。

1.6.2　分类分析

分类分析是找出数据库中的一组数据对象的共同特点并按照分类模式将其划分为不同的类型,其目的是通过分类模型,将数据库中的数据项映射到某个给定的类别中。

分类分析可以应用于应用分类、趋势预测中,如淘宝商铺根据用户在一段时间内的购买情况将用户划分成不同的类,并根据类别的不同向用户推荐关联类的商品,从而增加商铺的销售量。很多算法都可以用于分类,如决策树(Decision Tree)、KNN(K 最邻近)、朴素贝叶斯(Naive Bayesian)、逻辑回归(LR)等。

1.6.3　聚类分析

聚类分析是把数据对象集合按照相似性划分成多个子集的过程。每个子集是一个簇,簇中的对象彼此相似,但与其他簇中的对象不相似。

聚类分析与分类分析的不同在于,聚类分析所要求划分的类是未知的。常见的聚类算法包括 K-Means 算法及期望最大化算法(Expectation Maximizationalgorithm,EM)。

在商业上,聚类分析被用来发现不同的客户群,并通过购买模式刻画不同客户群的特征。

1.6.4　时间序列

时间序列也称动态数列,是指把某种现象在不同时间上的各个变量值按时间的先后顺序排列而形成的一种数列。

时间序列由两个要素组成,一是时间要素,即某一现象发生的时间,包括时间单位和时间长短;二是数据要素,即现象在不同时间上的变量值。时间序列不论其数值大小,每一个数值所在的位置都是由它所处的时间决定的,即数字顺序是按时间的先后顺序排列的。

时间序列的作用:深入揭示现象变化的数量特征;反映现象发展变化的趋势和规律;揭示现象变化的内在原因,为预测和决策提供可靠的数量信息。

1.6.5　文本挖掘

文本挖掘是抽取有效、新颖、有用、可理解、散布在文本文件中有价值的知识,并且利用这些知识更好地组织信息的过程。它是自然语言处理、模式分类和机器学习等相关技术密切结合的一项综合性技术。

文本挖掘最大的挑战在于对非结构化自然语言文本内容的分析和理解。这里需要强调两点:第一是文本内容几乎都是非结构化的;第二是文本内容是自然语言描述的,而不是用纯数据描述的,其通常不考虑图形和图像等其他非文字形式。

文本挖掘的流程:语料获取—原始语料的数据化—内在信息挖掘与展示。

第2章 数据挖掘基础

✎ 学习目标
- 了解大数据挖掘概述。
- 掌握数据的预处理操作。

2.1 数据挖掘概述

本节先介绍数据挖掘的概念,包含数据挖掘的研究历程、数据集的类型及数据挖掘的分类和过程,然后进一步介绍数据挖掘的研究内容及功能、算法应用、应用领域和面临大数据应用的挑战等知识,旨在帮助学生全面地、清晰地了解数据挖掘。

2.1.1 数据挖掘的概念

1. 数据挖掘的基本概念

数据挖掘(Data Mining),是指从大量的数据中自动搜索隐藏于其中的有特殊关系的数据和信息,并将其转化为计算机可处理的结构化数据,是知识发现的一个关键步骤。许多研究者把数据挖掘视为流行术语"数据中的知识发现(Knowledge Discovery in Database,KDD)"的同义词,另一些研究者则是把数据挖掘视为知识发现过程中的一个基本步骤。

数据挖掘是从大量数据中挖掘有趣模式和知识的过程。数据源包括数据库、数据仓库、Web、其他信息存储库或动态地流入系统的数据,它是一种抽取隐含的、以前未知的、具有潜在应用价值的模型或规则等有用知识的复杂过程,是一种深层次的数据分析方法。数据挖掘是一门综合的技术,涉及统计学、数据库技术和人工智能技术,其最重要的价值在于用数据挖掘技术改善预测模型。

2. 数据挖掘的研究历程

早期的数据挖掘并不是作为单独学科存在。1989 年 8 月,Gregory Piatetsky-Shapiro(KDnuggets 的创始人)等人在美国底特律的国际人工智能联合会议(IJCAI)上召开了一个专题讨论会,首次提出了"数据中的知识发现"这一概念。KDD 涉及数据库、机器学习、统计学、模式识别、数据可视化、高性能计算、知识获取、神经网络、信息检索等众多学科和技术的集成。在后来的 30 年间,KDD 逐渐形成了一个独立、蓬勃发展的交叉研究领域。

1995 年,在加拿大蒙特利尔正式召开了第一届"知识发现和数据挖掘"国际学术会议。同年,在美国计算机 ACM 年会上,数据挖掘开始被视为 KDD 的一个基本步骤。随后成立了 ACM 专委会 SIGKDD，以及对应的国际数据挖掘与知识发现大会（ACM SIGKDD Conference on Knowledge Discovery and Data Mining，简称 SIG KDD）。到目前为止，SIG KDD 已是数据挖掘领域的顶级国际会议。

3. 数据挖掘的对象

数据挖掘的对象包括关系型数据库、非关系型数据库、数据仓库/多维度数据库、空间数据、工程数据、文本和多媒体数据及与时间相关的数据等。

2.1.2　数据集类型

数据挖掘的数据集类型包括记录数据、基于图的数据和有序数据之类。

记录数据是指数据挖掘工作的大部分假定数据是记录（数据对象）的集合。记录之间或数据字段之间没有明显的联系，并且每个记录（对象）具有相同的属性集。

基于图的数据是指图形可以方便而有效地表示数据。其主要分为两种特殊情况：一种是图表示数据对象之间的联系，另一种是数据对象本身用图表示。

有序数据是指某些数据属性具有涉及时间或空间序的联系。

1. 记录数据

（1）事务数据或购物篮数据

事务数据（Transaction Data）是一种特殊类型的记录数据，其中每个记录（事务）涉及一系列的项。例如，在一个百货超市，顾客一次购物所购买的商品的集合就构成一个事务，而购买的商品是项。这种类型的数据也被称为购物篮数据（Market Basket Data），因为记录中的项是顾客"购物篮"中的商品。事务数据是项的集合，但是也能将它视为记录的集合，其中记录的字段具有非对称的属性。这些属性常常是二元的，指出商品是否已买；另外，这些属性还可以是离散的或连续的，如表示购买的商品数量或购买商品花费的金额。

（2）数据矩阵

如果一个数据集族中的所有数据对象都具有相同的数值属性集，则可以将数据对象看作多维空间中的点（向量），其中每个维代表对象的一个不同属性。这样的数据对象集可以用一个 $m \times n$ 的矩阵表示，其中 m 行，一个对象一行；n 列，一个属性一列（也可以将数据对象用列表示，属性用行表示）。这种矩阵称为数据矩阵（Data Matrix）或模式矩阵（Pattern Matrix）。数据矩阵是记录数据的变体，由于它由数值属性组成，可以使用标准的矩阵操作对数据进行变换和处理，因此对于大部分统计数据而言，数据矩阵是一种标准的数据格式。

（3）稀疏数据矩阵

稀疏数据矩阵是数据矩阵的一种特殊情况，其中属性的类型相同并且是非对称的，即只有非零值才是重要的。事务数据是仅含 0～1 元素的稀疏数据矩阵的例子。另一个常见的例子是文档数据。特别地，如果忽略文档中词（术语）的次序，则文档可以用词向量表示，其中每个词是向量的一个分量（属性），而每个分量的值是对应词在文档中出现的次数。文档集合的这种表示通常称作文档–词矩阵（document-term matrix）。文档是该矩阵的行，而词是矩阵的列。实践应用时，仅存放稀疏数据矩阵的非零项。

2. 基于图的数据

(1)带有对象之间联系的数据

对象之间的联系常常携带重要信息,在这种情况下,数据一般用图表示,即把数据对象映射到图的结点,而对象之间的联系用对象之间的链和诸如方向、权值等链性质表示。例如,在一个网页上,页面上包含文本和指向其他页面的链接。为了处理搜索查询,Web 搜索引擎收集并处理网页,提取它们的内容。图数据的另一个重要例子是社交网络,其中的数据对象是人,人与人之间的联系是他们通过社交媒体所进行的交互。

(2)具有图对象的数据

如果对象具有结构,即对象包含具有联系的子对象,则这样的对象常常用图表示。例如,化合物的结构可以用图表示,其中结点是原子,结点之间的链是化学键。图表示可以确定何种子结构频繁地出现在化合物的集合中,并且弄清楚这些子结构中是否有某种子结构与诸如熔点或生成热等特定的化学性质有关。频繁图挖掘就是用子结构分析这类数据,它是数据挖掘中的一个分支。

3. 有序数据

(1)时序事务数据

时序事务数据可以看作事务数据的扩充,其中每个事务包含一个与之相关联的时间。时间也可以与每个属性相关联,如每个记录可以是一位顾客的购物历史,包含不同时间购买的商品列表。

(2)时间序列数据

时间序列数据是一种特殊的有序数据类型,其中每条记录都是一个时间序列,即一段时间以来的测量序列。例如,金融数据集可能包含各种股票每日价格的时间序列对象。又如,全国城市天气记录会显示各个城市 2020 年 1 月—2020 年 10 月的月平均气温的时间序列。在分析诸如时间序列的时间数据时,重要的是要考虑时间自相关,即如果两个测量的时间很接近,则这些测量的值通常非常相似。

(3)序列数据

序列数据是一个数据集合,它是各个实体的序列,如词或字母的序列。除没有时间戳之外,它与时序数据非常相似,只是有序序列考虑项的位置。例如,动植物的遗传信息可以用称作基因的核苷酸的序列表示,而与遗传序列数据有关的许多问题都涉及由核苷酸序列的相似性预测基因结构和功能的相似性。

(4)空间和时空数据

有些对象除了具备其他类型的属性之外,还具有空间属性(如位置或区域)。例如,从不同的地理位置收集的气象数据(降水量、气温、气压)。这些数据通常是按照时间测量、收集的,即这些数据由不同位置的时间序列组成。因此,我们将这类数据称为时空数据。虽然可以对每个特定的时间或位置分别进行分析,但对时空数据更完整的分析需要考虑数据的时间和空间两个方面。

2.1.3 数据挖掘分类

1. 按数据库类型划分

数据库可按照数据模式、数据类型、应用环境等进行分类,这些数据库都有自己特有的数据挖掘技术;而数据挖掘技术若按照数据类型进行分类,可以分为文字型、网络型、Time型、Space 型等。

2. 按知识类型划分

数据挖掘技术按照其功能进行划分,可分为分析数据的内在规律、分析数据间的内在联系、定义描述等,一个数据挖掘全过程会同时由其中两个或多个功能组成;数据挖掘还可以划分为广义知识、原始层知识、多层知识等类别,即高抽象层、原始数据层、多个抽象层等类别,经典的数据挖掘技术通常能够找到多层知识;数据挖掘技术也能按照其内在规律和奇特的异常性进行分类。通常来说,数据的内在规律可以通过分析相关性数据、找出数据之间的内在联系、定义描述、集合类的对象为多个类和估算等方法挖掘。

3. 按技术类型划分

数据挖掘按照技术类型的不同可划分为模式识别、神经网络和可视化、机器学习、统计学、面向数据库或仓库技术等;也可按照数据分析方法的不同划分为建模并模拟神经网络、进化算法、集合类似的对象为多个类、分类树、推演规律等。大型的数据挖掘系统通常包含两种或三种以上的挖掘方法,或者吸取多种挖掘方法的优点来处理数据挖掘。

4. 按应用划分

数据挖掘技术应用的领域不同,分类也不同。例如,生物医学行业、交通行业、金融行业、通信行业、股市行业等都有适合自身行业特点且已广泛应用的数据挖掘方法。因此,某一个数据挖掘技术难以同时适用于各个行业领域。

2.1.4　数据挖掘的过程

1. 数据挖掘过程

数据挖掘是一个完整的过程。该过程从大型数据库中挖掘先前未知的、有效的、可实用的信息,并使用这些信息做出决策或丰富知识。从形式上来说,数据挖掘的开发流程是迭代式的。

2. 数据挖掘主要步骤

(1)解读需求

绝大多数的数据挖掘工程都是针对具体领域的,因此数据挖掘工作人员不应该沉浸在自己的世界里构思算法模型,而应该多和具体领域的专家交流合作,以正确地解读项目需求。并且,这种合作应当贯穿整个项目生命周期。

(2)搜集数据

在大型公司中,数据搜集大都是从其他业务系统数据库提取。很多时候我们会对数据进行抽样,在这种情况下必须理解数据的抽样过程是如何影响取样分布的,以确保评估模型环节中用于训练(Train)和检验(Test)模型的数据来自同一个分布。

(3)预处理数据

预处理数据主要分为数据清理和数据归约两个部分。前者包括缺失值处理、异常值处理、归一化、平整化、时间序列加权等;后者包括维度归约、值归约、案例归约等。

(4)评估模型

确切来说,评估模型就是在不同的模型之间做出选择,找到最优模型。很多人认为这一步是数据挖掘的全部,但这种观点失之偏颇,因为在绝大多数情况下这一步耗费的时间和精力在整个流程里是最少的。

(5)解释模型

数据挖掘模型在大多数情况下是用来辅助决策的。因此,根据具体环境对模型做出合理解释也是一项重要的任务。

3. 大数据与数据挖掘

大数据是随着互联网、物联网、通信网及人类社交网的快速发展而逐渐兴起的,它和数据挖掘紧密相连。

一方面,大数据包含数据挖掘的各个阶段,即数据收集、预处理、特征选择、模式挖掘、表示等;另一方面,大数据的基础架构又为数据挖掘提供上层数据处理的硬件设施。此外,大数据的迅速发展也使得数据挖掘对象变得更为复杂,不仅在于其内容的复杂和多样,更在于其具有高度动态化,这使得很多传统数据挖掘算法不再适用。大数据时代的数据挖掘算法必须具备对真实数据和实时数据的处理能力,才能从大量无序数据中获取真正价值。

2.1.5 数据挖掘的研究内容及功能

1. 数据挖掘的研究内容

通过研究近年来全球数据挖掘领域的高水平学术论文,我们可以发现,社交网络、大数据、情报分析、聚类分析、文本挖掘、用户行为、推荐系统、离群检测、专家系统等相关关键词频繁出现。

2. 数据挖掘的功能

数据挖掘的功能可以分为两类:描述性挖掘功能和预测性挖掘功能。描述性挖掘功能刻画目标数据中的一般性质;预测性挖掘功能对当前数据进行归纳,以便做出预测。

2.1.6 数据挖掘的算法应用

1. 描述性统计分析

在统计数据分析中,最简单而直接的方式是对数据进行宏观层面的数据描述性分析,如均值、方差等。例如,对于微博上的名人,我们可以通过他们近三个月来发布的消息数量来描述他们的活跃度,或者通过平均每条消息被转发的数量来评价他们在粉丝群体中的受欢迎程度。这些能够概括数据位置特性、分散性、关联性等数字特征,以及能够反映数据整体分布特征的分析方法,被称为描述性统计分析。

2. 回归分析

除了单个变量的统计分析和两个变量的相关分析(二者都属于描述性分析的内容),在实际生产生活中还存在很多变量关系及其统计分析。而在多变量的数据分析过程中,我们有时候会对这些变量之间的作用关系感兴趣。例如,房价问题。在一个时间段内,房子的价格会受到其空间大小、卧室数量、卫生间数量、所处层数等数值变量,以及朝向、地理位置等其他变量的影响。我们直观上会认为,面积越大的房子越贵,拥有更多房间的房子会更贵。那么这些因素是如何综合影响房价的呢?我们可以通过回归分析方法来解决这个问题。

回归分析就是研究自变量和因变量之间关系形式的分析方法,它主要是通过建立因变量与影响它的自变量之间的回归模型,来预测因变量的发展趋势,包括线性和非线性回归分析两种类型。

3. 关联分析

关联分析是一种简单、实用的分析技术,其目的是发现存在于大量数据集中的关联性或相关性,从而描述一个事物中某些属性同时出现的规律和模式。关联分析是从大量数据中发现项集之间有趣的关联和相关联系,其典型例子是购物篮分析。该过程通过发现顾客放入其购物篮中的不同商品之间的联系,分析顾客的购买习惯;通过了解哪些商品频繁地被顾客同时购买,可以帮助零售商制定营销策略。关联分析在实践中的应用还包括价目表设计、商品促销、商品的排放和基于购买模式的顾客划分等。

我们可从数据库中关联分析出诸如"由于某些事件的发生而引起另外一些事件的发生"之类的规则。例如,"67%的顾客在购买啤酒的同时也会购买尿布",因此通过合理的啤酒和尿布的货架摆放或捆绑销售可提高超市的服务质量和效益。又如,"'C 语言'课程优秀的同学,在学习'数据结构'时为优秀的可能性达 88%",那么,就可以通过强化"C 语言"的学习来提高"数据结构"的教学效果。

关联分析的算法主要有 Apriori 算法、DHP 算法、DIC 算法和 FP-增长算法等,其中最常用的是 Apriori 算法。

4. 聚类分析

聚类分析是将数据划分成具有意义的组进行多元统计分析,是一种定量分析方法。其讨论的对象是大量的样本,要求能够按照各自的特性进行合理的分类,没有任何模式可供参考或依循,即聚类分析是在没有先验知识的情况下进行的。

聚类分析的基本思想是认为研究的样本或变量之间存在着程度不同的相似性(亲疏关系)。根据一批样本的多个观测指标,指出一些能够度量样本或变量之间相似程度的统计量,并以这些统计量作为分类的依据,把一些相似程度较大的样本聚合为一类,直到把所有的样本都聚合完毕,形成一个由小到大的分类系统。主要的聚类方法有划分聚类、层次聚类、基于密度的方法、基于网格的方法及基于模型的方法等。

在实际应用中,选择用哪种聚类算法由数据类型、聚类目的和应用决定。

2.1.7 基于机器学习的数据挖掘

机器学习是一门多领域交叉学科,涉及概率论、统计学、逼近论、凸分析、算法复杂度理论等学科。机器学习专门研究计算机怎样模拟或实现人类的学习行为,以获取新的知识或技能,重新组织已有的知识结构使之不断改善自身的性能。机器学习有三种定义:(1)机器学习是一门人工智能的科学,该领域的主要研究对象是人工智能,特别是如何在经验学习中改善具体算法的性能;(2)机器学习是对能通过经验自动改进的计算机算法的研究;(3)机器学习是用数据或以往的经验优化计算机程序的性能标准。

这里将从非监督学习方法、监督学习方法、半监督学习方法和主动学习方法的角度,来介绍机器学习。

1. 非监督学习

非监督学习(Unsupervised Learning)是建立在所有数据的标签,即所属的类别都是未知的情况下使用的分类方法。对于特定的一组数据,不知道这些数据的类别和特征,只知道每个数据的特征向量。若按它们的相关程度分成很多类,最基本的想法就是认为特征空间中距离较近的向量之间也较为相关。若一个元素只和其中某些元素比较接近,和另一些元素则相距较远,这时可假定每一个类有一个"中心","中心"也是特征向量空间中的向量,是该类元素在向量空间上的重心,即它的每一维为所有包含在这一类中的元素的那一维的平均值。如果每一类都有一个"中心",那么我们在分类数据时,只需要看它离哪个"中心"的距离最近,就将它分到该类即可,这也正是 K-means 算法的思路。

在 K-means 算法之后,人们还提出了 K-means＋＋、X-means 等扩展 K-means 的聚类方法。

2. 监督学习

若已知一些数据上的真实分类情况,要对新的未知数据进行分类,这时利用已知的分类信息,就可以得到一些更精确的分类方法,这些就是监督学习方法。

监督学习(Supervised Learning)是从标记的训练数据来推断一个功能的机器学习任务。训练数据包括一套训练示例。在监督学习中,每个实例都是由一个输入对象(通常为矢量)和一个期望的输出值(也称监督信号)组成。监督学习算法是分析该训练数据,并产生一个推断的功能,其可以用于映射新的实例。

3. 半监督学习

半监督学习(Semi‐Supervised Learning)是一类机器学习技术,它是模式识别和机器学习领域研究的重点问题,也是监督学习与非监督学习相结合的一种学习方法。半监督学习使用大量的未标记数据,以及同时使用标记数据来进行模式识别工作。例如,在一种方法中,标记数据用来学习类模型,而未标记数据用来进一步改进类边界。

4. 主动学习

当我们使用一些传统的监督学习方法做分类时,训练样本规模越大,分类的效果就越好。但是在现实生活的很多场景中,标记样本的获取是比较困难的,这需要领域内的专家来进行人工标注,所花费的时间成本和经济成本很高;而且,如果训练样本的规模过于庞大,训练的时间花费也会比较多。那么,有没有办法能够使用较少的训练样本来获得性能较好的分类器呢? 主动学习(Active Learning)为我们提供了这种可能。主动学习是一种机器学习方法,它通过一定的算法查询最有用的未标记样本,并交由专家进行标记,然后用查询到的样本训练分类模型来提高模型的精确度。

在人类的学习过程中,通常利用已有的经验来学习新的知识,又依靠获得的知识来总结和积累经验,经验与知识不断交互;同样,机器学习模拟人类学习的过程,利用已有的知识训练模型以获取新的知识,并通过不断积累的信息修正模型,以得到更加准确有用的新模型。不同于被动学习接受知识,主动学习能够选择性地获取知识。

2.1.8　社会网络中的大数据挖掘

社会网络的主要结构形式是图,图数据不同于简单的连续性或离散型数据,其结点之间的关系由于图的拓扑结构而变得复杂,其分析方法也不同于一般的统计和机器学习的数据分析。这里主要介绍社会网络中数据分析的基本技术,即社会网络的主要组织形式:图结构的度量算子、行为分析算法、社区发现算法。

1. 图结构的度量算子

为了解决"在社会网络中，谁是中心角色（具有影响力的用户），谁是志趣相投的用户，如何找到这些相似的个体"等问题，需要形成量化用户中心性、用户相似度的度量方案。这些度量方案的输入信息通常是表征社会媒体交互信息的图结构。

其一，中心性。它定义了网络中某个结点的重要性。通过定义中心性度量方案，可以识别不同类型的中心结点。中心性度量主要包括程度中心性、特征向量中心性、PageRank 和中间中心性等。

其二，相似度。它度量的是网络中两个结点间的相似度。在社会媒体中，这些结点可以表示关系网络中的个体或者其他相关的事物。这些相关联的个体的相似度既可以基于它们所嵌入的网络（即结构相似度），也可以基于它们所产生的内容（即内容相似度）来计算。采集网络信息时，结点间的相似度可以通过计算它们的结构等价性来获得。此外，SimRank 相似度也是一种流行的计算结点相似度的方法。

2. 行为分析算法

个体在社会网络中所表现出不同的行为，也属于个体或者更大范围的群体行为的一部分。当讨论个体行为时，我们的关注点集中于一个个体。在个体行为分析方面，最典型的应用是用户行为的传播。例如，在一个社会网络中，某个用户转发了一条信息，之后他的朋友看到这条信息就有可能转发或评论这条信息，那么这条消息传播的过程中是否有转发的行为，就体现了用户行为的激活与否。

在一个网络中，对于一个结点 v 而言，有两个状态——激活和未激活。结点 v 的激活可能导致其相邻结点 w 的激活。行为分析算法就提供了一种模拟影响在社会网络中传播过程的算法模型。

3. 社区发现算法

社区发现是网络研究中的重要课题，吸引了众多研究者的关注。给定一个表征网络的图数据，社区往往指代不同集合的结点，其中同一社区的结点之间的连通性往往高于不同社区间结点的连通性。例如，在社会网络中，一个社区可以表征在一起上学、工作、生活的人们。社区发现算法主要包括 Girvan-Newman 算法、标签传播算法及 Louvain 算法等。

2.1.9　自然语言中的数据挖掘

自然语言处理是人工智能的一个重要领域，也是数据挖掘的一个重要应用载体。本节以自然语言为例介绍与自然语言相关的数据挖掘算法和应用。

语言是人类区别于动物的重要标志，因此自然语言处理体现了人工智能的最高任务与境界。目前，自然语言处理的发展与真正的语义理解仍然相差甚远，但这并不妨碍自然语言数据的研究，如果采取有效的分析方法，我们仍然可以从中获得知识。

下面从词、句、话题三个层次简单介绍自然语言中数据分析的基本方法。

1. 词表示分析

文本中的单词是自然语言的基本结构。对于单词的研究，除了简单的词频统计外，词的表示学习受到较多研究者的关注。词的表示学习，又称词嵌入（Word Embedding），指为每个单词找到一个向量表示。理想状况下向量之间的距离和线性关系可以反映单词之间的语义联系。通过词向量,我们可以通过可视化分析词的关联,也有利于进一步分析。以下介绍三种主要的词表示方法。

(1)词袋模型(Bag of Words)

词袋模型是最简单的词向量表示方法。该模型忽略文本的语法和语序等要素,将其仅仅看作若干个词汇的集合。词袋模型即使用一组无序的单词来表达一段文字或一个文档。

(2)TF-IDF 模型(Term Frequency-Inverse Document Frequency)

它是一种用于信息检索的加权表示法。TF 是词频,IDF 是逆文本频率指数。在一段文本中,TF 指的是某一个给定的词语在该文件中出现的频率。这个频率数是对词数的归一化,以防止它偏向长的文件(同一个词语在长文件里可能会比短文件里有更高的词数,而不管该词语重要与否)。TDF 指的是一个词语普遍重要性的度量。某一特定词语的 IDF 可通过总文件数目除以包含该词语的文件的数目,再将所得的商取对数得到。TF-IDF 是一种统计方法,用以评估某一字词对于一个文件集或一个语料库中的某一份文件的重要程度。字词的重要性随着它在文件中出现的次数成正比增加,但同时也会随着它在语料库中出现的频率成反比下降。

(3)Word2Vec 模型

Word2Vec 模型就是由谷歌提出的一类高效训练词语分布式表示的模型,其在神经网络语言模型(Neural Network Language Model,NNLM)基础上进行了改进。该模型通过不断地"阅读"文本,"拉近"文本中相邻较近的模型对应的词向量。

2. 语言模型

语言模型是根据语言客观事实而进行的语言抽象数学建模,其是一种对应关系。语言模型与语言客观事实之间的关系,如同数学中的抽象直线与具体直线之间的关系。

3. 话题模型

分析文本的话题是一种重要的数据分析手段。例如,通过区分微博中不同话题文本量,可以了解社会热点;通过联系话题和常见词,可以加深对词的理解,优化词向量学习;文本话题对于构建用户肖像、优化推荐系统等任务也至关重要。

话题模型就是用来发现大量文档集合主题的算法,其适用于大规模数据场景,目前甚至可以做到分析流数据。需要指出的是,话题模型不仅限于对文档的分析,还可以应用在其他场景中,如基因数据、图像处理和社交网络等。这是一种新的帮助人类组织、检索和理解信息的计算工具。

4. 大数据处理

从技术架构角度,大数据处理平台可划分为四个层次:数据采集层、数据储存层、数据处理层和服务封装层。大数据处理系统层次架构如图 2-1 所示。

2.1.10 数据挖掘的应用领域

1. 商务智能

在商务活动中,较好地理解顾客、市场、供应和资源及竞争对手等相关情况至关重要。商务智能(BI)技术提供商务运作的历史、现状和预测视图,包括报告、联机分析处理、商务业

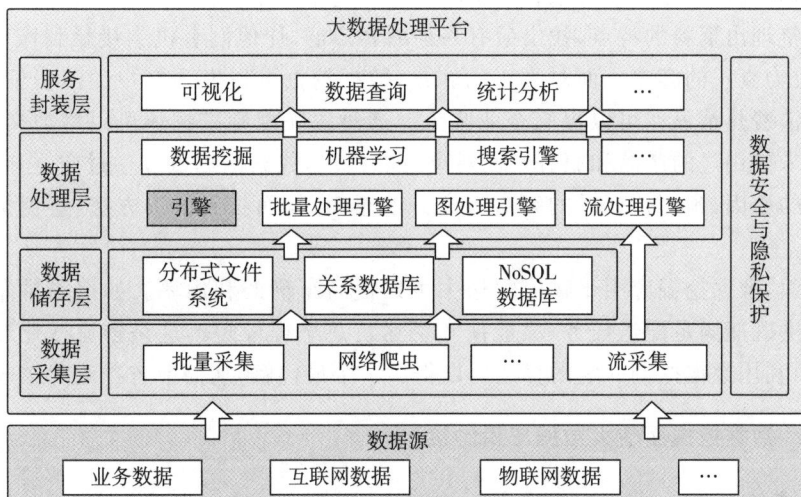

图 2-1 大数据处理系统层次架构

绩管理、竞争情报、标杆管理和预测分析。通过数据挖掘,企业能进行有效的市场分析,以发现竞争对手的优势和缺点,并留住具有高价值的顾客,做出正确的商务决策。

显然,数据挖掘是商务智能的核心。商务智能的联机分析处理工具依赖于数据仓库和多维数据挖掘。分类和预测技术是商务智能预测分析的核心,在分析市场、供应和销售方面有广泛应用。此外,在客户关系管理方面,聚类起主要作用。它根据顾客的相似性将顾客进行分组。企业使用特征挖掘技术,可以更好地理解每组顾客的特征,并开发相应的顾客奖励计划。

2.行业应用

(1)零售业

数据挖掘技术源于商业的直接需求,虽然它在很多领域都有广泛的使用价值,但零售领域是数据挖掘的主要应用领域之一。这是因为条形码技术的发展和广泛应用,使得企业的销售部门可以利用前端收款机系统收集存储大量的售货数据、顾客购买历史记录、货物进出状况和消费与服务记录等。这些数据正是数据挖掘的基础。数据挖掘技术有助于识别顾客购买行为,发现顾客购买模式和趋势,改进服务质量,取得更高的顾客保持力和顾客满意度,降低成本。数据挖掘在零售业中的具体应用包括:了解销售全局,降低库存成本,商品分组布局、购买推荐和商品参照分析,促销活动有效性分析,市场和趋势分析,顾客忠诚度分析。

(2)旅游业

旅游大数据及挖掘在旅游业中的广泛应用,不仅为现代化旅游企业的飞速发展提供了有利的促进作用,也为人们对旅游信息的科学化搜集和掌握提供了一定的便利,不仅可以准确预测客流的趋向,而且能够掌握游客的喜好。可见,大数据及其挖掘技术对现代化旅游公共服务的改善有着重要作用。数据挖掘在旅游业中的具体作用包括:对有价值的旅游信息加以挖掘、对潜在旅游客户挖掘、旅游路线的优化、旅游项目和目的地的推荐。

(3)物流业

数据挖掘在物流业中的具体应用主要包括以下两个方面。

一方面,数据挖掘在客户关系管理中的应用。利用数据挖掘可以找到潜在的客户,即利用数据挖掘整理出资料的特点,找出最有兴趣的客户群,让他们有机会接触到该项产品和服务,并最终成为真正的客户。面对真正的客户,数据挖掘可以发现客户的消费偏好,而通过激发客户的消费热情显然可以提高企业收入。通过关联规则挖掘还可以增加交叉销售,促使客户购买未使用过的产品和服务。面对离开的客户,数据挖掘可以通过建立流失模型,找出客户离开的原因,预测什么样的客户有离开的意向,从而找到解决方法,避免类似的客户流失。

另一方面,数据挖掘应用于物流配送中可以提高车辆的利用率。如何安排车辆路线和进行车辆调度既能满足配送任务,又能使车辆运行总里程最短? 这是物流行业经常面临的重要问题,而利用数据挖掘一定的算法可以得出一个最优解,从而节省物流配送成本。

2.1.11　数据挖掘面临大数据应用的挑战

1. 挖掘方法方面

精力充沛的研究者们已经开发了一些数据挖掘方法,涉及新的知识类型的研究、多维空间挖掘、集成其他领域的方法及数据对象之间语义捆绑的考虑。此外,挖掘方法应该考虑诸如数据的不确定性、噪声和不完全性等问题。有些数据挖掘方法探索如何使用用户指定的度量评估所发现的模式的兴趣度,同时指导挖掘过程。

2. 用户方面

用户在数据挖掘过程中扮演着重要的角色。与用户相关的研究领域主要包括如何与数据系统高度交互、如何在数据挖掘中融入用户的背景知识,以及如何可视化和表达数据挖掘的结果。

3. 数据挖掘算法的有效性和伸缩性

为了有效地从多个数据库或动态数据流的海量数据中提取信息,数据挖掘算法必须是有效的和可伸缩的。换句话说,数据挖掘算法的运行时间必须是可预计的、短的和可以被应用接受的。有效性、可伸缩性、性能优化及实时运行能力是驱动许多数据挖掘新算法开发的关键标准。

4. 数据库类型的多样性

多样化的应用产生了形形色色的新数据集,从关系数据库和结构化数据到半结构化数据和无结构数据,从静态的数据库到动态的数据流,从简单的数据对象到时间数据、生物序列数据、传感器数据、空间数据、超文本数据、多媒体数据、软件程序代码、Web 数据和社会网络数据等。

由于数据类型的多样性和数据挖掘的目标不同,期望一个系统能够挖掘所有类型的数据是不现实的。为了深入挖掘特定类型的数据,目前研究者们正在构建面向领域或应用的数据挖掘系统。因此,为多种多样的应用构建有效的数据挖掘工具仍然是一个挑战,并且是活跃的研究领域。

5. 数据挖掘与社会性

数据挖掘已经渗透到我们日常生活中的方方面面,因此研究数据挖掘对社会的影响是非常重要的。数据的不适当披露和使用、个人隐私的潜在威胁等都是需要关注的研究领域。

2.2　数据预处理

本节首先介绍数据预处理的基本内容,然后进一步介绍数据预处理的方法,如数据清理、数据集成、数据归约、数据变换和数据离散化等内容,旨在帮助学生学习检查数据存在的问题,并利用数据预处理的方法提供一套处理数据的方案。

2.2.1　数据预处理概述

数据库极易受噪声、缺失值和不一致数据的侵扰,因为数据库太大(常常多达数兆字节,甚至更多),并且多半来自多个异种数据源。低质量的数据将导致低质量的挖掘结果。那么,应如何对数据进行预处理,以提高数据质量,从而提高挖掘结果的质量? 如何对数据进行预处理,使得数据处理过程更加有效、更加容易?

1. 数据预处理技术

(1)数据清理

数据清理可以用来清除数据中的噪声,纠正不一致的数据。

(2)数据集成

数据集成是将数据由多个数据源合并成一个一致的数据存储,如数据仓库等。

(3)数据归约

数据归约可以通过聚集、删除冗余特征或聚类等方式来降低数据的规模。

(4)数据变换

数据变换(如规范化)可以把数据压缩到较小的区间,如 0.0~1.0。这可以提高涉及距离度量的挖掘算法的准确率和效率。

2. 数据预处理步骤

数据清理通过填写缺失的值,光滑噪声数据,识别或删除离群点,解决不一致性来"清理"数据。如果我们想在分析中使用来自多个数据源的数据,这涉及集成多个数据库或数据文件,即数据集成。数据归约得到数据集的简化表示,它小得多,但能够产生同样的或几乎同样的分析结果。

规范化、数据离散化和概念分层产生都是某种形式的数据变换,而数据变换操作是引导挖掘过程成功的附加预处理过程。

3. 数据预处理小结

现实世界的数据一般是"脏"的、不完整的、不一致的。数据预处理技术可以提高数据的质量,从而有助于提高挖掘过程的准确率和效率。由于高质量的决策必然依赖于高质量的数据,因此数据预处理是数据分析的重要步骤。检测数据异常,尽早地调整数据,并归约待分析的数据,将为决策带来高回报。

2.2.2　数据清理

1. 缺失值问题

以 2021 年 8 月某店铺顾客消费数据为例(见表 2-1 所列),分析某店铺的销售和顾客数据,然而许多顾客的某些属性(如性别、年龄、职业、城市、收入等)缺少记录值,那么我们应如何处理这些缺失值呢?

表 2-1 2021 年 8 月某店铺顾客消费数据一览表

用户 ID	性别	年龄	职业	居住城市	顾客月收入(元)	消费产品	消费数量	消费单价	消费金额(元)
10000001	F	23	A	NC	5000	1	100	10	1000
10000002	M	34	C	BJ	7000	2	200	20	4000
10000003	F	25	D	TJ	6000	1	100	10	1000
10000004	F	40	E	CS	7000	3	100	15	1500
10000005	F		B	WH		1	300	10	3000
10000006	M	29	C		5000	2	100	20	2000
10000007	M	24	A	SH	9000	3	110	15	1650
10000008	M	29	A	ZZ	10000	1	130	10	1300
10000009	M	40	D	XJ	6000	2	190	20	3800
10000010	M	41		XM	6000	3	140	15	2100
10000011	F			BJ	7000	3	150	15	2250
10000012		30	D	SZ	5000	3	150	15	2250
10000013	M	34	D	SH		2	130	20	2600
10000014	F	35	E	YN	10000	2	150	20	3000
10000015	M	25	E	XA	6000	1	100	10	1000
10000016	F	28		NC	6000	1	200	10	2000
10000017	M	32	C	NJ	7000	2	100	20	2000
10000018	M	33	B	NJ		1	100	10	1000
10000019	M	36	A	BJ	7000	2	300	20	6000
10000020	F	38	A		8000	3	100	15	1500
10000021	F	29	D	ZZ	5000	3	110	15	1650
10000022		24	D	SZ	9000	1	130	10	1300
10000023	M	27	E	GZ	10000	2	190	20	3800
10000024	M	41	A	XM	7000	1	140	10	1400
10000025	F		C	TJ		3	150	15	2250
10000026	F	37		SJZ	9000	3	150	15	2250
10000027		30		NC	10000	2	130	20	2600
10000028	F	25	B	JL		2	150	20	3000
10000029	M	29	B	BJ	6000	1	200	10	2000
10000030	M	30	A	SZ	7000	1	140	10	1400

2. 缺失值处理方法

（1）忽略元组

采用忽略元组方法，将不能再使用该元组的剩余属性值。

（2）人工补填

该方法费时费力，当数据集大、缺失值多时不适用。

（3）全局常量填充

将缺失的属性值用同一个常量（如"N/a"或"None"）替换。

（4）均值中位数填充

对称数据使用均值填充，倾斜数据使用中位数填充。

（5）同类型样本均值中位数填充

如果将顾客按信用风险进行分类，则用具有相同信用风险的顾客的均值中位数填充。

（6）使用最可能的值填充

可以用回归、使用贝叶斯形式化方法的工具或决策树归纳确定。

3. 缺失值填充注意事项

缺失值处理方法中的方法（3）～方法（6）会使数据有偏差，填入的值可能不正确。然而，方法（6）是最常用的策略，与其他方法相比，它使用已有数据的大部分信息来预测缺失值。例如，在估计"顾客月收入"的缺失值时，通过考虑其他属性的值，将有更大的机会保持"顾客月收入"和其他属性之间的联系。

需要注意的是，在某些情况下，缺失值并不意味着数据有错误。例如，在申请信用卡时，可能要求申请人提供驾驶执照号，而没有驾驶执照的申请者可能不填写该字段。表格应当允许填表人使用诸如"不适用"等值。又如，软件编程也可能发现其他空值（"不知道"或"无"）。一般来说，每个属性都可能有一个或多个关于空值条件的规则。这些规则可以说明是否允许空值，并且说明这样的空值应当如何处理或转换。如果在业务处理的稍后步骤提供值，某些字段也可能故意留下空白。因此，尽管在得到数据后我们可以通过多种方法来清理数据，但好的数据库和数据输入设计将有助于在第一时间把缺失值或错误的数量降至最低。

2.2.3　噪声数据处理

1. 噪声数据的概念

噪声数据是指数据中存在着错误或异常（偏离期望值）的数据，这些数据对数据分析造成了干扰。这些数据又称之为噪声（Noise），一般可以归结为以下两种。

一种是输出错误。同样一笔数据会出现两种不同的评判；在同样的评判下会有不同的后续处理。

另一种是输入错误。在收集数据时由于数据源的随机性会出现错误，如客户在填信息的时候出现的误填。

2. 噪声数据产生的原因

（1）标记错误

以信用卡发卡为例，将应该发卡的客户标记成不发卡；或者对两个数据相同的客户，一个标记成发卡,一个标记成不发卡。

(2)输入错误

用户的数据本身就有错误。例如,年收入少写一个"0"、性别写错等。

3. 噪声数据处理方法

(1)分箱

分箱是一种简单常用的预处理方法。所谓"分箱",实际上就是按照属性值划分的子区间。如果一个属性值处于某个子区间范围内,就称把该属性值放进这个子区间所代表的"箱子"内。也即把待处理的数据(某列属性值)按照一定的规则放进若干箱子中,考察每一个箱子中的数据,并采用某种方法分别对各个箱子中的数据进行处理。它通过考察相邻数据来确定最终值。

在采用分箱技术时,需要确定的两个主要问题是如何分箱,以及如何对每个箱子中的数据进行平滑处理。

① 常用的分箱方法

等深分箱:是指将数据集按记录行数分箱。每箱具有相同的记录数,每箱记录数称为箱子的深度。这是最简单的一种分箱方法。

等宽分箱:是指使数据集在整个属性值的区间上平均分布,即每个箱的区间范围是一个常量,称为箱子宽度。

自定义区间:用户可以根据需要自定义区间,当用户明确希望观察某些区间范围内的数据分布时,使用这种方法可以方便地帮助用户达到目的。

例如,客户收入属性(income)排序后的值(人民币元)为 800、1000、1200、1500、1500、1800、2000、2300、2500、2800、3000、3500、4000、4500、4800、5000。采用不同分箱方法对这些数据进行处理的结果见表 2-2、表 2-3、表 2-4 所列。

表 2-2 等深分箱法(统一权重)设定深度为 4

箱 1	800	1000	1200	1500
箱 2	1500	1800	2000	2300
箱 3	2500	2800	3000	3500
箱 4	4000	4500	4800	5000

表 2-3 等宽分箱法(统一区间)设定区间范围为 1000 元人民币

箱 1	800	1000	1200	1500	1500	1800
箱 2	2000	2300	2500	2800	3000	
箱 3	3500	4000	4500			
箱 4	4800	5000				

表 2-4　自定义区间法：将客户收入划分为若干组

箱 1	800					
箱 2	1000	1200	1500	1500	1800	2000
箱 3	2300	2500	2800	3000		
箱 4	3500	4000				
箱 5	4500	4800	5000			

② 数据平滑

数据平滑可以细分为平均值平滑、按边界值平滑和按中值平滑。将等深分箱后的数据进行数据平滑的结果见表 2-5 所列。

表 2-5　将等深分箱后的数据进行数据平滑的结果

等深分箱法(统一权重)，设定深度为 4					按边界值平滑			
箱 1	800	1000	1200	1500	箱 1	800	800	1500	1500
箱 2	1500	1800	2000	2300	箱 2	1500	1500	2300	2300
箱 3	2500	2800	3000	3500	箱 3	2500	2500	2500	3500
箱 4	4000	4500	4800	5000	箱 4	4000	4000	5000	5000

平均值平滑					按中值平滑			
箱 1	1125	1125	1125	1125	箱 1	1100	1100	1100	1100
箱 2	1900	1900	1900	1900	箱 2	1900	1900	1900	1900
箱 3	2950	2950	2950	2950	箱 3	2900	2900	2900	2900
箱 4	4575	4575	4575	4575	箱 4	4650	4650	4650	4650

（2）回归和聚类

回归，即使用一个函数拟合数据来光滑数据。线性回归涉及找出拟合两个属性（或变量）的"最佳"直线，使得一个属性可以用来预测另一个。多元性回归是线性回归的扩充，其中涉及的属性多于两个，并且将数据拟合到一个多维曲面。

聚类是将类似的值组织成群或"簇"，落在簇集合之外的值被视为离群点。

2.2.4　数据集成

1. 数据集成的含义

数据集成是将不同来源的数据组合到统一视图中的过程，即从摄取、清理、映射和转换到目标接收器，最后使数据更具可操作性和价值。

数据挖掘经常需要数据集成——合并来自多个数据存储的数据。集成有助于减少结果数据集的冗余和不一致，并有助于提高其后挖掘过程的准确性和速度。HRM（人力资源管理)、CRM(客户关系管理)、ERP以及其他操作型数据库都是数据集成系统用户。

2. 数据集成的重要性

(1)协作统一

每个部门的员工(有时在不同的物理位置)都需要访问公司的共享和个人项目数据。IT需要一个安全的解决方案,使得所有业务线可以通过自助服务来访问并提供数据。此外,每个部门的员工都在生成和改进其他业务所需的数据。数据集成改善了系统的协作和统一。

(2)节省时间

公司采取措施正确整合其数据,会极大减少准备和分析数据所需的时间。统一视图的自动化消除了手动收集数据的需要,如员工不必在需要运行报表或构建应用程序时从头开始建立连接。

(3)减少错误

数据集成要求统一各个数据源的数据格式,实现了同步数据的数据集成方案,因此用户在使用数据时能确保数据的完整性和正确性。

(4)高附加值

数据集成工作实际上会随着时间的推移提高业务数据的价值。随着数据集成到集中式系统中,可以识别质量问题并实施必要的改进,最终产生更准确的数据。这也是高质量数据分析的基础。

3. 数据集成的商业化应用

(1)利用大数据

随着越来越多的大数据企业的出现,企业可以利用更多的数据,这意味着对复杂大数据集成工作的需求成为许多组织运营的核心。

(2)创建数据仓库

数据集成计划(尤其是大型企业的数据集成计划)通常用于创建数据仓库,这些仓库将多个数据源组合到关系数据库中。数据仓库允许用户以一致的格式运行查询、编译报告、生成分析和检索数据。

(3)简化商业智能分析过程

通过提供来自众多来源的统一数据视图,数据集成简化了商业智能(BI)的分析过程。组织可以轻松查看并快速理解可用数据集,以便获得有关业务当前状态的可操作信息。

(4)ETL数据仓库技术

提取、转换、加载(Extract-Transform-Load,ETL)是数据集成中的一个过程,是从源系统获取数据并传送到仓库中的过程。这一过程也是数据仓库正在进行的持续流程,可将多个数据源转换为有用的、一致的商业智能和分析工作信息。

4. 数据集成的挑战性

(1)如何到达终点

公司通常会从数据集成中了解它们的需求,但它们通常想不到满足需求的方法。

(2)来自遗留系统的数据

集成工作可能需要包括存储在遗留系统中的数据。

（3）来自更新业务需求的数据

如今的新系统正在从各种来源（如视频、物联网设备、传感器和云）生成不同类型的数据。

（4）外部数据

从外部来源获取的数据可能无法达到与内部来源相同的详细程度。

（5）协同连接

数据团队有责任使数据集成工作与最佳实践保持一致，以及满足组织和监管机构的各种新要求。

2.2.5　数据归约

1. 数据归约的概述

对于小型或中型数据集，一般的数据预处理步骤已经足够。但对于真正大型的数据集，在应用数据挖掘技术前，更可能采取一个中间的、额外的步骤——数据归约。该步骤中简化数据的主题是维归约，主要包括：是否可在没有牺牲成果质量的前提下，丢弃那些已准备和预处理的数据；能否在适量的时间和空间里检查已准备的数据和已建立的子集。

对数据的描述、特征的挑选、归约或转换是决定数据挖掘方案质量的重要问题。在实践中，特征的数量可达到数百种，如果我们只需要上百条样本用于分析，就需要进行维归约，以挖掘可靠的模型；此外，高维度引起的数据超负，会使一些数据挖掘算法不实用，唯一的方法也就是进行维归约。

在预处理的数据集中，三个主要维度通常以平面文件的形式出现，即列（特征）、行（样本）和特征的值。相应地，数据归约过程包括三种基本操作，即删除列、删除行、减少列中的值（数值本身的数量）。

2. 数据归约的策略

（1）维归约

维归约即从原有的数据中删除不重要或不相关的属性，或者通过对属性进行重组来减少属性的个数。维归约的目的是找到最小的属性子集，且该子集的概率分布尽可能地接近原数据集的概率分布，即减少所考虑的随机变量或属性的个数。维归约方法包括主成分分析、属性子集选择等。

（2）数量归约

数量归约即用替代的、较小的数据表示形式替换原数据（即减少值和删除行）。这些技术方法可以是参数的，也可以是非参数的。对于参数方法而言，使用模型估计数据一般只需要存放模型参数，而不是实际数据（离群点可能也要存放），如回归和对数线性模型。非参数方法包括直方图、聚类、抽样等。

（3）主成分分析

假设待归约的数据由用 n 个属性或维描述的元组或数据向量组成，主成分分析或 PCA（又称 Karhunen-Loève，或 K-L 方法）搜索 k 个最能代表数据的 n 维正交向量（$k \leqslant n$），由此将原数据投影到一个小得多的空间上，从而实现了维归约。

2.2.6 属性子集选择

用于分析的数据集可能包含数以百计的属性,其中大部分属性可能与挖掘任务不相关,或者是冗余的。例如,如果分析任务是按顾客听到广告后是否有意愿在某百货超市购买新的流行 CD 将顾客进行分类,那么顾客的电话号码等属性多半是不相关的。尽管领域专家可以挑选有用的属性,但这可能是一项困难而费时的任务,特别是当数据的属性不十分清楚的时候更是如此。遗漏相关属性或留下不相关属性都可能是有害的,会导致所用的挖掘算法无所适从,这可能导致发现质量很差的模式。此外,不相关或冗余的属性增加了数据量,可能会减缓挖掘进程。

属性子集选择通过删除不相关或冗余的属性(或维)减少数据量。属性子集选择的目标是找出最小属性集,使得数据类的概率分布尽可能地接近使用所有属性得到的原分布。在缩小的属性集上挖掘还有其他的优点,如它减少了出现在发现模式上的属性数目,使得模式更易于理解。

1. 如何选择好的属性子集

对于 n 个属性,有 $2n$ 个可能的子集。穷举搜索找出属性的最佳子集可能是不现实的,特别是当 n 和数据类的数目增加时。因此,对于属性子集选择,通常使用压缩搜索空间的启发式算法。这些方法是典型的"贪心"算法,即在搜索属性空间时,总是做看上去是最佳的选择,其策略是做局部最优选择,期望由此导致全局最优解。在实践中,这种"贪心"方法是有效的,并可以逼近最优解。

"最好的"和"最差的"属性通常使用统计显著性检验来确定。这种检验假定属性是相互独立的,也可以使用其他属性评估度量,如建立分类决策树使用的信息增益度量。

2. 属性子集选择方法

(1)逐步向前选择

该过程由空属性集作为归约集开始,确定原属性集中最好的属性,并将它添加到归约集中。在其后的每一次迭代中,都会将剩下的原属性集中的最好的属性添加到该集合中。

(2)逐步向后删除

该过程由整个属性集开始,在每一步中,删除尚在属性集中的最差属性。

(3)逐步向前选择和逐步向后删除的组合

可以将逐步向前选择和逐步向后删除方法结合在一起,每一步选择一个最好的属性,并在剩余属性中删除一个最差的属性。

2.2.7 回归和对数线性模型:参数化数据归约

回归和对数线性模型是对数化数据规约的两种重要方法。参数化数据规约如图 2-2 所示,它提供了一种高效的数据分析方法。通过这些方法可在保留关键信息的同时显著减少数据集的大小,从而提高数据处理的效率并降低存储需求。

2.2.8 直方图、聚类和抽样:非参数化数据归约

非参数化数据规约是一种数据预处理技术,旨在通过减小数据的规模来提高数据分析

的效率和质量。非参数化数据归约如图 2-3 所示,包括直方图、聚类和抽样等。这些方法不需要对数据的分布做出假设,而是直接基于数据本身进行操作。

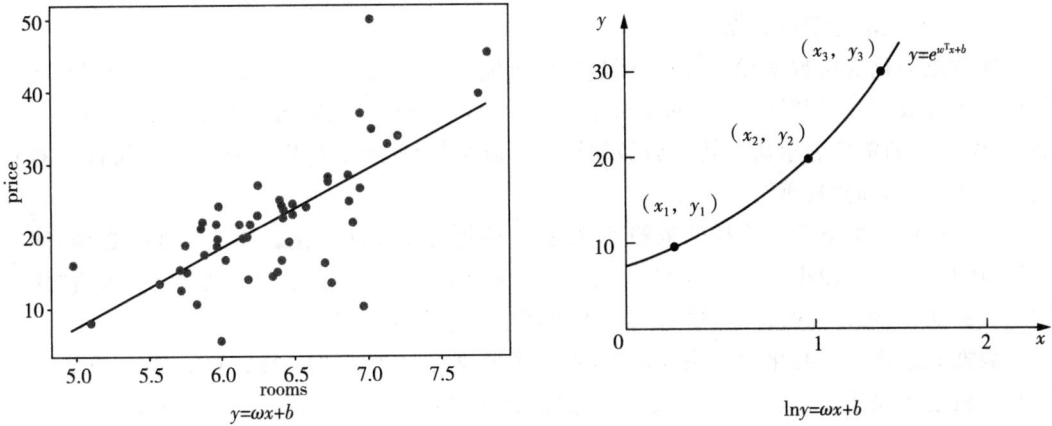

图 2-2　参数化数据归约

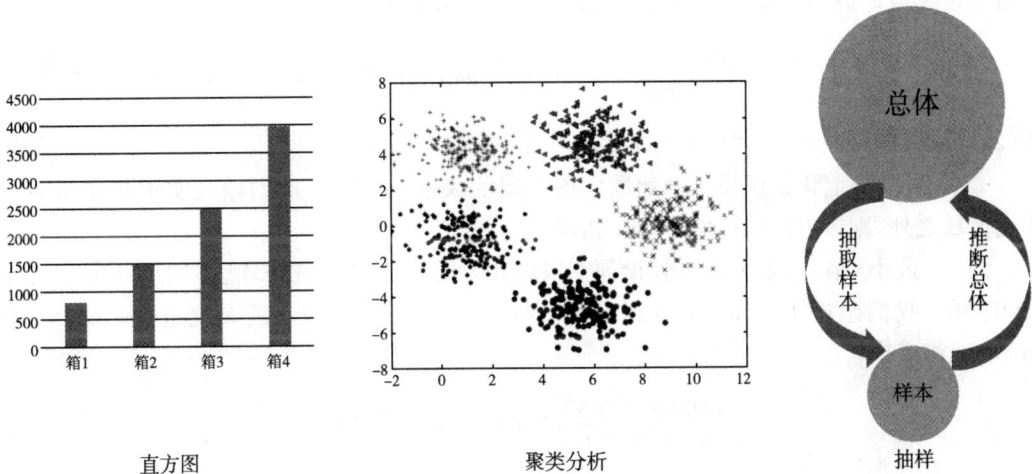

直方图　　　　　　　聚类分析　　　　　　抽样

图 2-3　非参数化数据归约

2.2.9　数据变换与数据离散化

1. 数据变换与数据离散化的概念

在对数据进行统计分析时,通常要求数据必须满足一定的条件,如在方差分析时,要求试验误差具有独立性、无偏性、方差齐性和正态性等。但在实际分析中,独立性、无偏性比较容易满足,方差齐性在大多数情况下可以满足,正态性有时则满足不了。若将数据经过适当的转换,如平方根转换、对数转换、平方根反正弦转换等,或可使数据满足方差分析的要求。所进行的这些数据转换,就称为数据变换。

数据离散化是一个非常重要的思想,指的就是把无限空间中有限的个体映射到有限的空间中去,以此提高算法的时空效率,即离散化是在不改变数据相对大小的条件下,对数据进行相应的缩小。为什么要离散化？当以权值为下标时，有时会出现值较大，存不下，所以把要离散化的每一个数组里面的数映射到另一个值小一点的数组里面去。

2. 数据变换和数据离散化的策略

(1)通过规范化变换数据

通过规范化变换数据时，所用的度量单位可能影响数据分析。例如，把"Height"的度量单位从米变成英寸，把"Weight"的度量单位从千克改成磅，可能导致完全不同的结果。一般而言，用较小的单位表示属性将导致该属性具有较大值域，因此趋向于使这样的属性具有较大的影响或较高的"权重"。

为了避免对度量单位选择的依赖性，数据应该规范化或标准化。这涉及变换数据，使所要分析的数据落入较小的共同区间，如 $[-1,1]$ 或 $[0.0,1.0]$。在数据预处理中，术语"规范化"和"标准化"可以互换使用，尽管后一术语在统计学中还具有特定含义。

数据规范化或标准化的方法有很多，本节主要学习三种：最小-最大规范化、z 分数规范化和小数定标规范化。在讨论中，令 A 是数值属性，具有 n 个观测值 $v_1, v_2, \cdots, v_n$。

① 最小-最大规范化

最小-最大规范化是对原始数据进行线性变换。假设 min 和 max 分别为属性 A 的最小值和最大值。最小-最大规范化通过式(2-1)计算：

$$v_i' = \frac{v_i - \min_A}{\max_A - \min_A}(new\_\max_A - new\_\min_A) + new\_\min_A \qquad 式(2-1)$$

式(2-1)中，把 A 的值 V_i 映射到区间 $[new\_\max_A, new\_\min_A]$ 中的 v_i'。

最小-最大规范化是保持了原始数据值之间的联系。如果今后的输入实例落在 A 的原数据值域之外，则该方法将面临"越界"错误。

例1 最小-最大规范化。假设属性 Income 的最小值与最大值分别为 12000 元和 98000 元。我们想把 Income 映射到区间 $[0.0,1.0]$。根据最小-最大规范化，Income 值 73600 元将变换：

$$\frac{73600-12000}{98000-12000}(1.0-0)+0=0.716$$

② z 分数规范化

z 分数规范化或称零均值规范化，是将属性 A 的值基于 A 的均值（即平均值）和标准差规范化。A 的值 v_i 被规范化为 v_i'，由式(2-2)计算：

$$v_i' = \frac{v_i - \overline{A}}{\sigma_A} \qquad 式(2-2)$$

式(2-2)中，$\overline{A}$ 和 σ_A 分别为属性 A 的均值和标准差。当属性 A 的实际最大值和最小值未知，或离群点左右了最小-最大规范化时，该方法是有用的。

例2 z 分数规范化。假设属性 Income 的均值和标准差分别为 54000 元和 16000 元。使用 z 分数规范化，值 73600 元被替换：

$$\frac{73600-54000}{16000}=1.225$$

此外,标准差 σ_A 还可以用均值绝对偏差替换。A 的均值绝对偏差 S_A 定义:

$$S_A = \frac{1}{n}(|v_1 - \overline{A}| + |v_2 - \overline{A}| + \cdots + |v_n - \overline{A}|) \qquad 式(2-3)$$

这样,使用均值绝对差的 z 分数规范化:

$$v_i' = \frac{v_i - \overline{A}}{S_A} \qquad 式(2-4)$$

对于离群点,均值绝对偏差 S_A 比标准差更加稳健。在计算均值绝对偏差时,对到均值的偏差取绝对值,可以在一定程度上降低离群点的影响。

③ 小数定标规范化

小数定标规范化是通过移动属性 A 的值的小数点位置进行规范化。小数点的移动位数依赖于 A 的最大绝对值。A 的值 v_i 被规范化为 v_i',由式(2-5)计算:

$$v_i' = \frac{v_i}{10^j} \qquad 式(2-5)$$

式(2-5)中,j 是使得 $\max(|v_i'|) < 1$ 的最小整数。

例 3　小数定标规范化。假设 A 的取值为 -986 到 917。A 的最大绝对值为 986。为使用小数定标规范化,我们用 1000(即 $j=3$)除每个值。因此,-986 被规范化为 -0.986,而 917 被规范化为 0.917。

注意,规范化可能将原来的数据改变很多,特别是使用 z 分数规范化或小数定标规范化时尤其如此。

(2)通过分箱离散化数据

分箱是一种基于指定的箱个数的自顶向下的分裂技术。分箱方法可以用作数据归约和概念分层产生的离散化方法。例如,通过使用等宽或等频分箱,并用箱均值或中位数替换箱中的每个值,可以将属性值离散化,就像用箱的均值或箱的中位数光滑一样。这些技术可以递归地作用于结果划分,产生概念分层。

分箱并不使用类信息,因此是一种非监督的离散化技术。它对用户指定的箱个数很敏感,也容易受离群点的影响。

(3)通过直方图离散化数据

与分箱一样,直方图分析也是一种非监督离散化技术,因为它同样不使用类信息。直方图把属性 A 的值划分成不相交的区间,称作桶或箱。可以使用各种划分规则定义直方图。例如,在等宽直方图中,将值分成相等分区或区间;在等频直方图中,使得每个分区包括相同个数的数据元组。

第3章 分类-决策树算法

✎ 学习目标
- 了解分类及决策树算法的概念。
- 掌握决策树模型的算法原理。
- 熟练掌握决策树算法的应用。

3.1 分类概述

本节首先介绍分类的特征与应用,然后进一步介绍分类的概念、一般过程、流程、分类评价指标和分类算法,旨在帮助学生辨别分类的相关问题。

3.1.1 分类的特征

(1)数据爆炸

现代社会无时无刻不在产生数据,因此我们需要考虑如何对这些数据进行准确、快速的整理。

(2)做决定

我们每天都会做出多项决定。例如,什么时候起床,穿什么衣服,给谁打电话,走哪条路线,等等。尽管其中不乏一些重复的决定,但还有许多其他新的决定,需要我们进行有意识的思考。

(3)做决策

企业将其过去的经验应用于运营和制订新计划相关的决策中,如对客户、产品等进行分类。由于企业在发展过程中涉及多个利益相关者,决策由此变得更加复杂。此外,由于影响范围较大,企业的有关决策必须相对正确。

(4)技术发展

随着大数据技术的发展,人类已经开发出多种算法,如利用分类算法生成有用的见解,从而做出决策和预测。

3.1.2 分类的应用

(1)预防和控制财务风险

管理者可利用数据挖掘技术建立企业财务风险预警模型。企业财务风险并非一朝一夕形成的,而是一个积累的、渐进的过程。通过建立财务风险预警模型,企业可以随时监控财务状况,防范财务危机的发生。此外,企业也可以利用数据挖掘技术,对筹资和投资过程中的行为进行监控,防止商业欺诈行为,维护企业利益。

(2)O2O(线上营销、线上购买带动线下经营和线下消费)优惠券使用预测

以优惠券盘活老用户或吸引新客户进店消费是 O2O 的重要营销方式之一。对于商家而言,滥发优惠券可能会降低品牌声誉,同时难以估算营销成本。个性化投放是提高优惠券使用率的重要技术,它可以让具有一定偏好的消费者得到真正的实惠,同时赋予商家更强的营销能力。通过分析建模对现有 O2O 场景相关的丰富数据进行分析,可以精准预测用户是否会在有效时间内使用相应优惠券。

(3)商品图片分类

购物平台上有数以百万计的商品图片,"拍照购""找同款"等应用可对用户提供的商品图片进行分类,同时可以提取商品图像特征,提供给推荐、广告等系统,提高推荐广告的效果。

(4)广告点击行为预测

用户在上网浏览的过程中,可能产生广告曝光或点击行为。对广告点击率进行预测,可以为广告投放者提供定向广告投放和优化建议,使广告投入产生最大回报。例如,可基于100 万名随机用户在 6 个月时间内的广告曝光和点击日志进行预测,包括广告监测点数据、建立模型、预测每个用户在 8 天内是否会在各监测点上发生点击行为。

(5)基于文本内容的垃圾短信识别

垃圾短信已日益成为困扰运营商和手机用户的难题,它侵害了运营商的社会形象,严重影响了人们的正常生活,甚至危害社会稳定。不法分子运用科技手段不断更新垃圾短信形式,并不断拓宽其传播途径。对此,可以基于短信文本内容,结合分类算法来智能地识别垃圾短信及其变种。

(6)用户画像

在现代数字广告投放系统中,以物拟人、以物窥人,是比大数据更重要的前提。用户画像是根据用户的社会属性、生活习惯和消费行为等信息抽象出的标签化用户模型。这类模型可以帮助我们了解用户、猜测用户的潜在需求、精细化地定位人群特征、挖掘潜在的用户群体。例如,可以用户历时一个月的查询词与用户的人口标签(包括性别、年龄、学历)作为训练数据,通过数据挖掘技术构建分类算法来对新增用户的人口标签进行判定。

3.1.3 分类的概念

1. 数据

数据是事实的集合,例如,数字、单词、测量值、观察结果,或只是对事物的描述。

(1)数据可以是定性的或定量的

定性数据(Qualitative Data)是描述性信息(它描述了一些东西);定量数据(Quantitative Data)是数字信息(数字)。

(2)定量数据可以是离散的或连续的

离散数据(Discrete Data)只能取某些值(如整数);连续数据(Continuous Data)可以取任何值(在一个范围内)。例如,我们对如图 3-1 所示的狗了解多少呢?

定性数据:它的毛色是棕色和黑色的;它精力充沛。

定量数据:离散的,它有 4 条腿、有 2 只眼睛;连续的,它体重 25.5kg 左右、身高 565mm 左右。

图 3-1　狗

2. 属性

属性是描述空间实体的非空间特征。

例如,存储消防栓位置的空间数据模型如图 3-2 所示,如何描述它的属性? 有位置、颜色、服务日期、流量等。

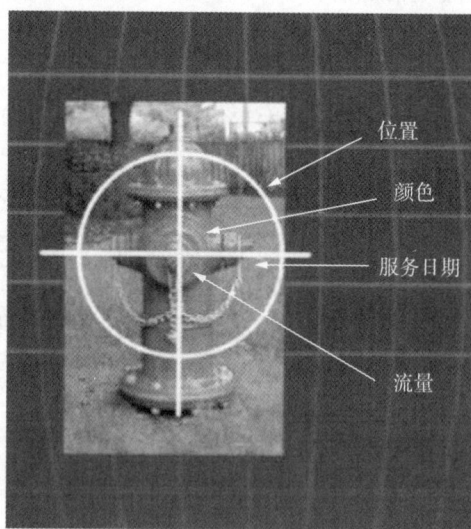

图 3-2　存储消防栓位置的空间数据模型

3. 标签

标记数据(又称带注释的数据、标签数据)是指为原始数据放置有意义的标签、添加标签或分配类别。

机器学习中的标签是什么? 假设我们正在构建一个图像识别系统并且已经收集了数千张照片,标签会告诉我们照片里包含"人""树""汽车"等。

数据的标签通常是通过要求人类对给定的未标记数据做出判断来获得的,并且比原始未标记数据的获取成本要高得多。

4. 监督学习

监督学习是机器学习中的一种训练方式/学习方式,其中输入、输出值已知,算法学习映射函数,即 f,使得 $Y = f(X)$。

已知算法输入、输出数据,监督学习就是确定从输入到输出所需的步骤或过程。如果该过程很麻烦,并且算法得出的结果与预期的结果完全不同,则训练数据将发挥其作用,以指导算法返回正确的路径。训练集中有堆水果,如图 3-3 所示,每个数据都有标签。这些水果都有属性(形状、颜色、口味等),表示这些属性的一组数据称为特征向量。利用机器学习算法找到特征向量与标签之间的映射关系,建立模型,再利用未参与建立模型的测试集水果(测试集水果标签是已知的),检验模型的好坏。

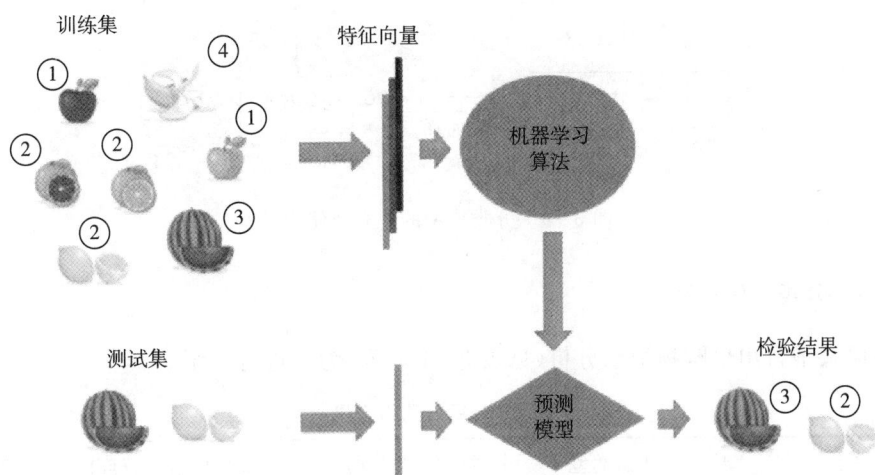

图 3-3　训练集中有堆水果

所提供的训练数据采用标签格式,即学习算法之前就已经知道算法的输出(Y)。监督学习的内容主要是分类和回归,其目的是建立输入(X)与输出(Y)之间的联系,预测未知对象的标签。所有输入、输出、算法和场景都由人类提供。

监督学习流程:

(1)获取训练数据

获取已知的"问题和答案"作为训练集。

(2)选择模型

选择一个适合目标任务的预测模型。

(3)训练出方法论

机器总结自己的"方法论"。

(4)在新数据上使用方法论

人类把"新的问题"(测试集)交给机器,让其解答,以此检验模型的好坏。

5. 分类

分类是指找出描述和区分数据类或概念的模型,以便能够使用模型预测类标号未知对象的类标号。分类属于有监督的学习,是一种重要的数据分析形式,其通过对已有数据集(也称训练集,这里数据集的类别是已知)的学习,得到一个目标函数 f(模型、分类器),并利用模型对类标号未知的对象进行分类。

分类模型的建立及使用如图 3-4 所示,训练集的数据利用其标签和特征及机器学习算法建立模型,然后使用模型预测类标号未知的对象的标签。

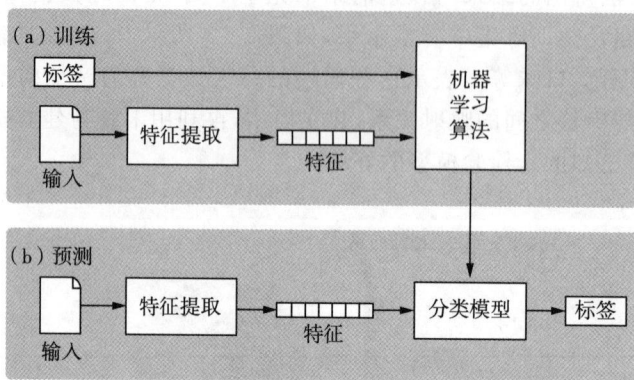

图 3-4　分类模型的建立及使用

3.1.4　分类一般过程

本节以某平台用户购物记录分析(见表 3-1 所列)为例进行介绍。

表 3-1　用户购物记录

用户名称	产品类型	网购次数(次/月)	消费总额(元/月)	是否学生
i***y	图书	2	202	是
槌***吗	电子产品	1	999	是
jd_7247dd1e9fafb	化妆品	2	187	是
0***杰	化妆品	3	1780	否
J***复	服装	2	178	是
沈***哥	食品	1	186	是
巢***1	珠宝配饰	1	8910	否
奥德缇的糖糖	化妆品	1	269	是
k***夏	服装	1	169	是
9***n	服装	2	178	是
黎***儿	电子产品	3	9018	否
西***0	服装	3	289	是

（续表）

用户名称	产品类型	网购次数（次/月）	消费总额（元/月）	是否学生
绿 *** 飘	化妆品	1	180	是
司 *** 璐	服装	6	2800	否
A 感谢有你 AA	母婴用品	2	1690	否

① 第一列：属性，用户名称；

② 第二列：属性，产品类型；

③ 第三列：属性，网购次数（次/月）；

④ 第四列：属性，消费总额（元/月）；

⑤ 第五列：类别或者标签，表示用户是不是学生。

目的：根据用户的消费行为判断其是不是学生。

1. 学习阶段

学习阶段需要建立描述预先定义的数据类或概念集的分类器（模型）。

首先从历史购物记录数据（这里知道用户是什么消费群体）中选择 2/3 作为训练集，用于训练模型（分类器），然后通过训练好的模型找出产品类型、网购次数、消费总额与学生这一类别或标签之间的关系，即属性集与标签之间的联系。利用训练集数据、选择分类算法、搭建的训练模型的步骤如图 3-5 所示。

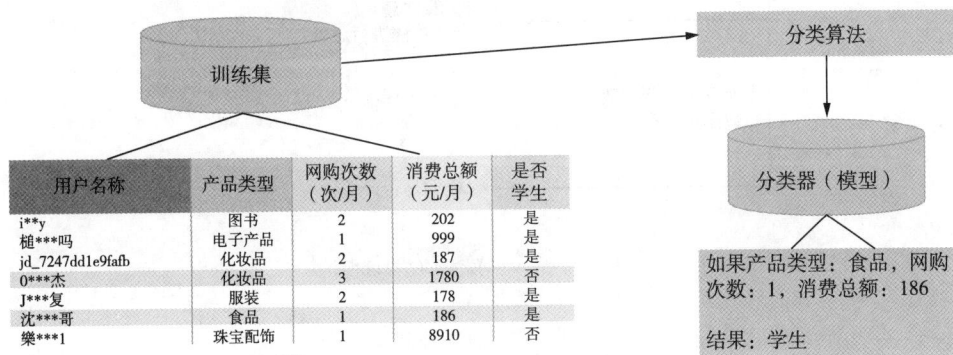

图 3-5　搭建训练模型的步骤

2. 分类阶段

分类阶段，即使用定义好的分类器（模型）进行分类的过程。

模型的好坏需要测试集进行验证。接下来利用剩下的 1/3 数据作为测试集，用于检测模型，并对模型进行调优。如果认为模型的准确率是可以接受的，则使用该模型对类别标记未知的数据进行分类。

使用定义好的分类器进行分类如图 3-6 所示，将新的数据"芳 ***0 一个月内网购了 1 次，买的是化妆品，共消费 198 元"（不知道该数据的类别）输入到已建立的模型，模型预测其是学生，如图 3-5 所示。

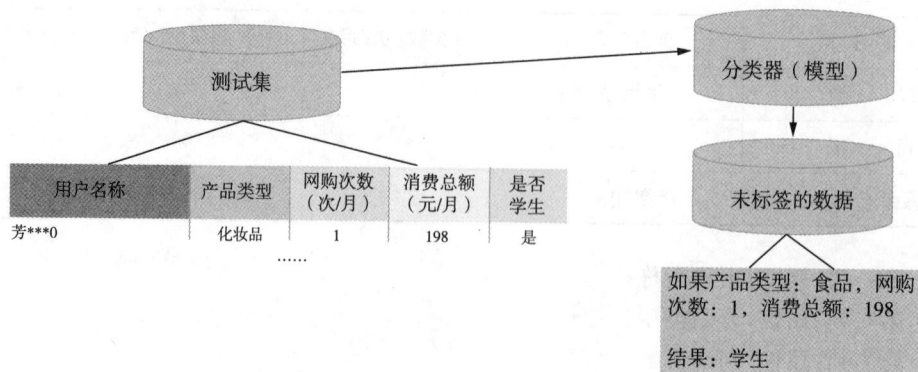

图 3-6　使用定义好的分类器进行分类

3.1.5　分类流程

分类流程如图 3-7 所示。

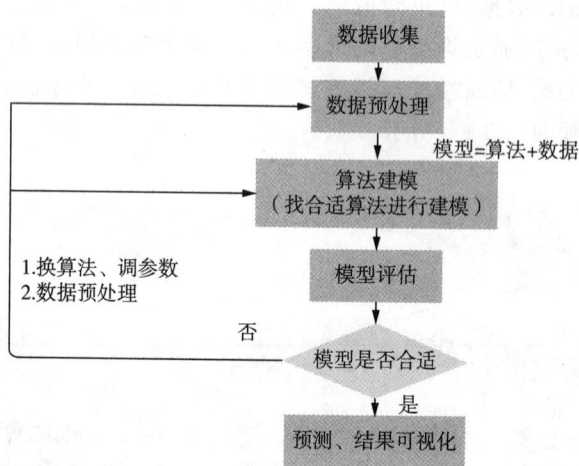

图 3-7　分类流程

3.1.6　分类的评价指标

评价指标主要用于衡量模型的性能,在评价不同模型的能力时,使用不同的评价指标往往会导致不同的评判结果。这意味着模型的"好坏"是相对的,其不仅取决于算法和数据,还取决于任务需求。

(1)混淆矩阵

混淆矩阵,即模型计算结果和真实结果的汇总,最终以表格形式进行展示。

混淆矩阵见表 3-2 所列。混淆矩阵分别统计分类模型归错类、归对类的个数,然后把结果展示在一个表里。混淆矩阵显示了分类模型在进行预测时会对哪一部分产生混淆。

表 3-2　混淆矩阵

混淆矩阵		真实值	
		正例	反例
预测值	正例	TP(真正例)	FP(假正例)
	反例	FN(假反例)	TN(真反例)

表 3-2 中，TP 即 True Positive(真正例)，表示被预测为正例，实际也是正例；FP 即 False Positive(假正例)，表示被预测为正例，但实际是反例；FN 即 False Negative(假反例)，表示被预测为反例，但实际是正例。TN，即 True Negative(真反例)，表示被预测为反例，实际也是反例；TP+FP 表示被预测为正例的样例总数；TP+FN 表示实际为正的样例总数；TN+FN 表示被预测为反例的样例总数；TN+FP 表示实际为反的样例总数；TP+FP+TN+FN 表示样例总数。

预测动物类别的混淆矩阵见表 3-3 所列。

表 3-3　预测动物类别的混淆矩阵

混淆矩阵		真实值		
		猫	狗	猪
预测值	猫	10	1	2
	狗	3	15	4
	猪	5	6	20

表 3-3 中，猫：预测结果 10+1+2=13 只；真实结果 10+3+5=18 只。

狗：预测结果 3+15+4=22 只；真实结果 1+15+6=22 只。

猪：预测结果 5+6+20=31 只；真实结果 2+4+20=26 只。

(2)准确率

准确率是分类问题中最为原始、最常见的评价指标，其定义为分类正确的样本数占样本总数的比例。准确率越高说明模型越好。准确率公式见式(3-1)。

$$\text{准确率} = \frac{\text{预测正确的样本数}}{\text{样本总数}} \qquad \text{式}(3-1)$$

表 3-3 中，66 个动物一共预测对了 45(即 10+15+20)个样本，根据式(3-1)，准确率=45/66=68.2%。

(3)错误率

错误率是分类问题中最为原始、最常见的评价指标，其定义为分类错误的样本数占样本总数的比例。错误率越低说明模型越好。错误率公式见式(3-2)。

$$\text{错误率} = \frac{\text{预测错误的样本数}}{\text{样本总数}} \qquad \text{式}(3-2)$$

表 3-3 中,66 只动物一共预测错了 21(即 3+5+1+6+2+4)个样本,根据式(3-2),错误率=21/66=31.8%。

(4)精准率

精准率(Precision)又叫查准率,是在所有被预测为正的样本中实际为正的样本的概率,它是针对预测结果而言的。精准率越高说明模型越好。精准率的公式见式(3-3)。

$$P=\frac{TP}{TP+FP} \qquad\qquad 式(3-3)$$

以表 3-3 所列的动物混淆矩阵的猫为例。模型预测有 13 只是猫,但是其实这 13 只猫只有 10 只预测正确,3 只预测错误。根据式(3-3),精准率(猫)=10/(10+3)=76.9%。

(5)召回率

召回率(Recall)又叫查全率,是在实际为正的样本中被预测为正样本的概率,它是针对原样本而言的。召回率越高说明模型越好。召回率的公式见公式(3-4)。

$$R=\frac{TP}{TP+FN} \qquad\qquad 式(3-4)$$

以表 3-3 所列的动物混淆矩阵的猫为例。总共 18 只真猫,模型认为里面有 10 只是猫,剩下的 3 只是狗,5 只是猪。根据式(3-4),召回率(猫)=10/(10+3+5)=55.6%。

(6)F_1-Score

F_1-Score 是 P 和 R 的调和平均。F_1 越高,模型的性能越好。F_1-Score 公式见式(3-5)。

$$\frac{1}{F_1}=\frac{1}{2}\cdot\left(\frac{1}{P}+\frac{1}{R}\right)$$

$$F_1=\frac{2\times P\times R}{P+R}=\frac{2\times TP}{样例总数+TP-TN} \qquad\qquad 式(3-5)$$

以表 3-3 所列的动物混淆矩阵的猫为例。通过式(3-3)和式(3-4)的计算结果得到精准率 P 和召回率 R,那么 F_1-Score=(2×0.769×0.556)/(0.769+0.556)=64.54%。

(7)ROC 曲线

ROC 曲线来源于第二次世界大战时期雷达兵对雷达的信号判断。当时,每个雷达兵的任务就是盯住雷达显示器,以判断是否有敌机来袭。从理论上讲,只要有敌机来袭,雷达屏幕上就会有信号,但是当时雷达技术还没那么先进,存在很多噪声。例如,有飞鸟出现在雷达扫描区域内时,雷达屏幕上也会出现信号,这就给雷达兵的判断增加了难度。有的雷达兵过于谨慎,凡是有信号出现就认定为敌机来袭。有的雷达兵比较粗心,凡是信号都认为是飞鸟,这样显然会增加漏报的风险。

为了提高预报的准确性,管理者汇总了所有雷达兵的预报特点,特别是他们漏报和误报的概率,并将这些概率画到一个二维坐标里。这个二维坐标的纵坐标为敏感性,即在所有敌机来袭的事件中,每个雷达兵准确预报的概率;而横坐标则为特异性,表示了在所非敌机来袭信号中,雷达兵预报错误的概率。由于每个雷达兵的预报标准不同,所以得到的敏感性和特异性的组合也不同,将这些雷达兵的预报性能进行汇总后,雷达兵管理者会发现它们刚好在一条曲线上,这条曲线就是我们经常在医学杂志上看见的 ROC 曲线。于是,最早的 ROC 曲线分析方法就诞生了。从那之后,ROC 曲线就被广泛运用于医学及机器学习领域。

3.1.7 分类算法

常见的分类算法如图 3-8 所示。

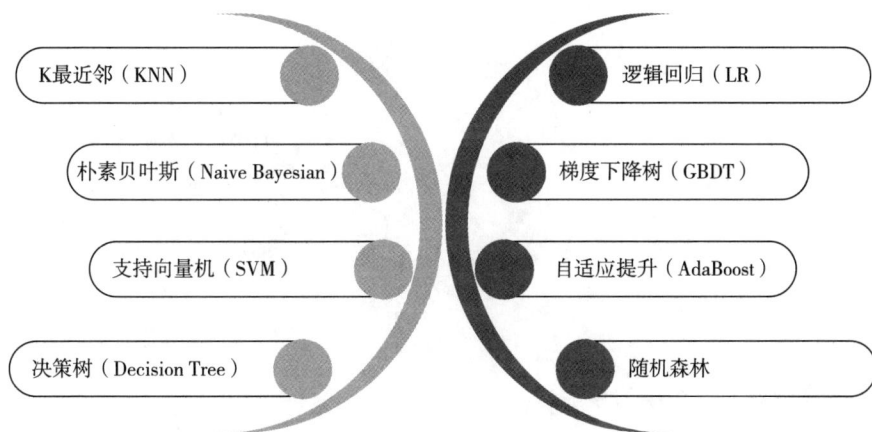

图 3-8 常见的分类算法

3.2 决策树模型与学习

3.2.1 决策树概念

决策树(Decision Tree)是一种基本的分类与回归方法,本节主要讨论用于分类的决策树。在分类问题中,决策树模型呈树形结构,表示基于特征属性对样本进行分类的过程,将原本杂乱不确定的信息变成确定、有序的信息。决策树模型包括节点和树的深度。

1. 节点

节点有三种类型:根节点、内部节点和叶节点。其中,根节点包含样的全集;内部节点对应特记属性;叶节点代表决策的结果,即类别或标签。

节点的分支:内部节点(属性或特征)的取值,如"是""否""0,1,2,……"。

节点示意图如图 3-9 所示,其中圆形代表根节点和内部节点,方框代表叶节点。

2. 树的深度

树从根节点开始往下数,叶节点所在的最大层数称为树的深度。值得注意的是,有的教材规定根节点在第 0 层,有的则规定根节点在第 1 层。原理都是一样的,因教材而异。

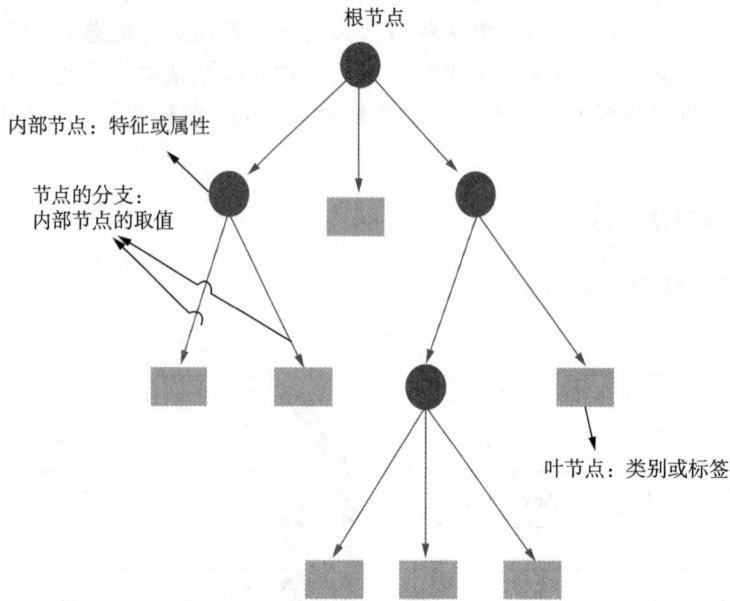

图 3-9 节点示意图

3.2.2 决策树的三个学习步骤

1. 特征选择

从训练数据的特征中选择一个特征作为当前节点的分裂标准,因而特征选择的作用就是筛选跟分类结果相关性较高的特征,也就是分类能力较强的特征。

在划分的过程中,决策树的分支节点所包含的样本应尽可能属于同一类别,即节点的"纯度"应越来越高。因此,我们需要考虑如何选择最优划分属性。

打高尔夫球数据集见表 3-4 所列。其中,属性包括天气、温度、湿度、风速;标签是活动,表示能否打高尔夫球,从这四个属性中挑选分类能力最强的属性。

表 3-4 打高尔夫球数据集

编号	天气	温度	湿度	风速	活动
1	晴	炎热	高	弱	取消
2	晴	炎热	高	强	取消
3	阴	炎热	高	弱	进行
4	雨	适中	高	弱	进行
5	雨	寒冷	正常	弱	进行
6	雨	寒冷	正常	强	取消
7	阴	寒冷	正常	强	进行
8	晴	适中	高	弱	取消

（续表）

编号	天气	温度	湿度	风速	活动
9	晴	寒冷	正常	弱	进行
10	雨	适中	正常	弱	进行
11	晴	适中	正常	强	进行
12	阴	适中	高	强	进行
13	阴	炎热	正常	弱	进行
14	雨	适中	高	强	取消

特征选择的标准不同产生了不同的特征决策树算法。

（1）ID3 算法

特征评估标准：信息增益。

（2）C4.5 算法

特征评估标准：信息增益率。

（3）CART 算法

特征评估标准：基尼指数。

2. 决策树生成

根据所选特征评估标准，建立子节点；对每个子节点使用相同的方式生成新的子节点，直到数据集不可分。

（1）生成过程

① 首先获取原始数据集，然后基于最好的属性值划分数据集。由于特征值可能多于两个，因此可能存在大于两个分支的数据集划分。以表 3-4 打高尔夫球数据集为例，最好的属性为"天气"，因此将其作为划分节点。

② 第一次划分之后，数据集被向下传递到树的分支的下一个节点。在这个节点上，使用相同的方式再次划分数据，生成新的子节点。

（2）结束条件

结束的条件可以是任意一种：程序遍历完所有划分数据集的属性；每个分支下的所有实例都具有相同的分类；当前节点包含的样本集合为空时，不能划分。

3. 决策树剪枝

决策树容易出现"过拟合"（即模型在训练集表现非常好，却在测试集上表现差），需要剪枝来缩小树的结构和规模（包括预剪枝和后剪枝）。剪枝是决策树学习算法对付"过拟合"的主要手段。决策树剪枝的基本策略有"预剪枝"和"后剪枝"。

（1）预剪枝

在决策树生成过程中，对每个节点在划分前先进行评估，若当前节点的划分不能带来决策树泛化性能提升，则停止划分并将当前节点标记为叶节点。关于预剪枝何时停止决策树的生长，可以采用以下几种判断方法：当树达到一定深度时停止生长；当前节点的样本数量小于给定的阈值的时候，该节点不再分裂；特征选择的标准小于或者大于阈值时不再分裂。

例如,信息增益率小于某个阈值,该节点不再分裂;计算决策树每一次分裂能否提升测试集的准确度,当提升准确度小于某个阈值的时候,该节点不再分裂。

(2)后剪枝

先从训练集生成一棵完整的决策树,然后自底向上对非叶节点进行考察,若将该节点对应的子树替换为叶节点能带来决策树泛化性能提升,则将该子树替换为叶节点。

3.2.3　决策树原理

决策树学习算法包含特征选择、决策树的生成与决策树的剪枝过程。

决策树的生成从根节点开始,将所有训练数据都放在根节点。选择一个最优特征,按照这一特征将训练数据集分割成子集。如果这些子集已经能够被基本正确分类,那么构建叶节点,并将这些子集分到所对应的叶节点中去。如果还有子集不能被基本正确分类,那么就对这些子集选择新的最优特征,继续对其进行分割,构建相应的节点,直至所有训练数据子集被基本正确分类,或者没有合适的特征为止,这就生成了一棵决策树。最后还需对决策树进行剪枝。

3.2.4　决策树生成流程

情形 1:如果数据集全属于同一类别,无须划分。

情形 2:如果数据集不属于同一类,并且数据的属性集为空,那么类别标记为样本最多的类别。

情形 3:如果数据集不属于同一类,数据的属性集不为空,所有样本在所有属性上取值相同,那么类别标记为样本最多的类别。

情形 4:如果数据集不属于同一类,数据的属性集不为空,所有样本在所有属性上取值不相同,选择最优划分节点,剔除已经选为最优划分的特征,形成新的数据子集;再根据新的数据子集结合以上 3 种情形对数据进行划分。

决策树生成流程图如图 3-10 所示。

3.2.5　ID3 算法

1. ID3 算法简介

ID3 算法由 Ross Quinlan 在 1986 年提出,是决策树经典的构造算法。该算法每次选取最大信息熵增益的特征作为分裂节点,并不关心是否达到最优。

在 ID3 算法中,每次根据"最大信息熵增益"选取当前最佳的特征建立子节点,并按照该特征的所有取值来分割数据。也就是说,如果一个特征有 2 种取值,数据将被切分为 2 份。一旦按某特征切分后,该特征在之后的算法执行中将不再起作用。对每个子节点使用相同的方式生成新的子节点,直到数据集不可分。

2. 信息熵

信息熵(Information Entropy)是度量样本集合纯度最常用的一种指标,表示样本数据的混乱程度。信息熵的公式见式(3-6)。

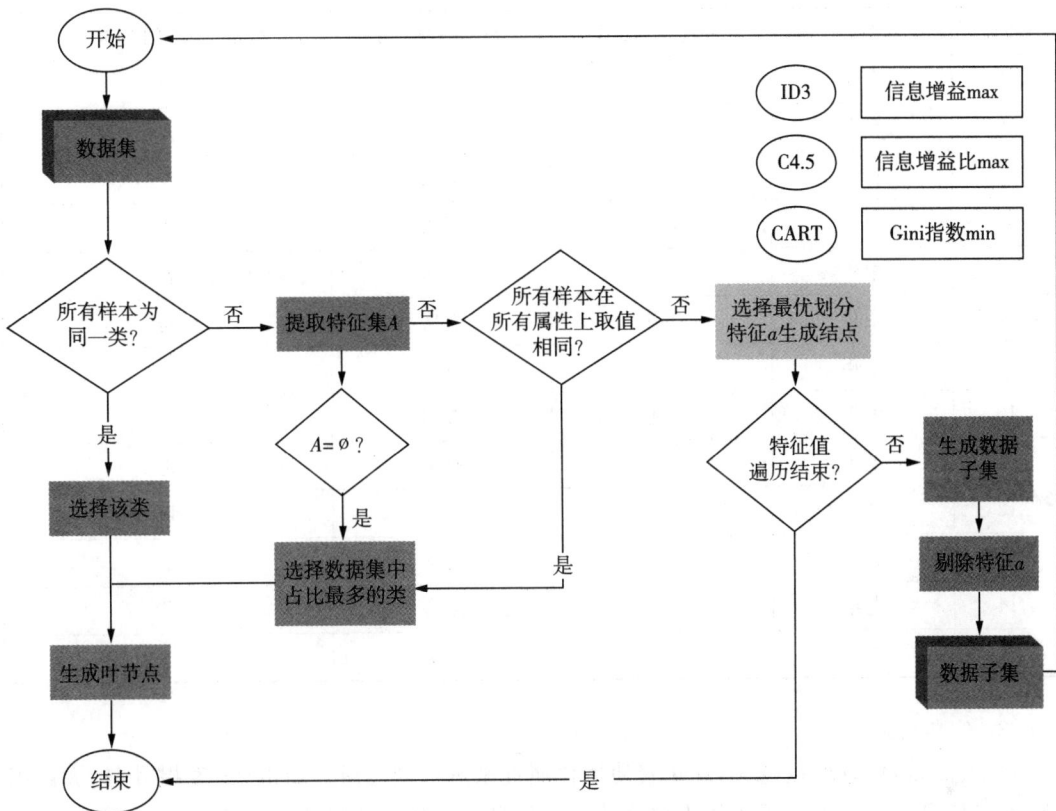

图 3-10 决策树生成流程图

$$\text{Ent}(D) = -\sum_{k=1}^{|y|} p_k \log_2 p_k \qquad \text{式}(3-6)$$

式(3-6)中,D:样本集合;

P_k:集合 D 中第 k 类样本所占的比例($k=1,2,\cdots,m$),即 D_k/D。

$\text{Ent}(D)$ 的值越小,D 的纯度越高。

贷款用户数据集见表 3-5 所列,根据用户的年龄、是否有房、是否工作,来判断该用户的贷款申请能否通过。样本集合 D 中共 15 条数据,样本类别数 k 为 2。同意贷款的样本数为 9 个,不同意贷款的样本数为 6 个。则样本集合 D 的信息熵详细计算过程为:

$$\text{Ent}(D) = -\frac{9}{15} \times \log_2 \frac{9}{15} - \frac{6}{15} \times \log_2 \frac{6}{15} = 0.971$$

表 3-5 贷款用户数据集

ID	年龄(A)	是否工作(B)	是否有房(C)	类别(是否同意贷款)
1	青年	无业	无房	否
2	青年	无业	无房	否

（续表）

ID	年龄(A)	是否工作(B)	是否有房(C)	类别(是否同意贷款)
3	青年	工作	无房	是
4	青年	工作	有房	是
5	青年	无业	无房	否
6	中年	无业	无房	否
7	中年	无业	无房	否
8	中年	工作	有房	是
9	中年	无业	有房	是
10	中年	无业	有房	是
11	老年	无业	有房	是
12	老年	无业	有房	是
13	老年	工作	无房	是
14	老年	工作	无房	是
15	老年	无业	无房	否

3. 信息增益

一般而言，信息增益越大，意味着使用该属性来进行划分所获得的"纯度提升"越大。因此，选择信息增益最大的属性作为划分节点。信息增益的公式见式（3-7）。

$$\arg \max_{a \in A} \mathrm{Gain}(D, a) \qquad 式（3-7）$$

3.2.6 C4.5算法

1. C4.5算法简介

1993 年，Ross Quinlan 对 ID3 算法进行改进后提出了 C4.5 算法。ID3 采用的信息增益度量存在一个缺点——它一般会优先选择有较多属性值的特征，因为属性值多的特征会有相对较大的信息增益。为了弥补这个不足，C4.5 算法用信息增益率（Gain Ratio）作为选择分支的准则，选择最大信息增益率的属性作为划分节点。

2. 信息增益率

（1）信息增益率

信息增益率的公式见式（3-8）。

$$\mathrm{Gain\_ratio}(D, a) = \frac{\mathrm{Gain}(D, a)}{\mathrm{IV}(a)} \qquad 式（3-8）$$

式（3-8）中，D：样本集合；

a：代表属性。

$\mathrm{Gain}(D, a)$ 是信息增益，可参考 ID3 算法中的信息增益，这里不再赘述。

（2）属性固有值

属性固有值的公式见式（3-9）。

$$IV(a) = -\sum_{v=1}^{V} \frac{|D^v|}{|D|} \log_2 \frac{|D^v|}{|D|}$$ 式（3-9）

式（3-9）中，D：样本集合；

a：代表属性；

v：表示属性 a 取值的个数；

D^v：表示属性取值为 a^v 的集合。

需要注意的是，由于信息增益率准则对可取值数目较少的属性有所偏好，因此 C4.5 算法采用先从候选划分属性中找出信息增益高于平均水平的属性，再从中选择增益率最高的方法来选择最优划分属性。

3.2.7　CART 算法

1. CART 算法简介

CART（Classification and Regression Tree）即分类回归树，由 L. Breiman，J. Friedman，R. Olshen 和 C. Stone 于 1984 年提出。相比 ID3 和 C4.5，CART 应用要多一些，既可以用于分类也可以用于回归。

CART 是一棵二叉树，采用二元切分法，每次把数据切成两份，分别进入左子树、右子树，而且每个非叶子节点都有两个分支。CART 使用基尼指数（Gini）来选择最好的数据分割特征，选择基尼指数最小的属性作为划分节点。

2. 基尼指数

（1）基尼指数

基尼指数，度量数据的纯度，其公式见式（3-10）。

$$Gini(D) = \sum_{k=1}^{y} \sum_{k' \neq k} p_k p_{k'} = 1 - \sum_{k=1}^{|y|} p_k^2$$ 式（3-10）

式（3-10）中，k：类别个数；

p_k：第 k 个类别的概率，假设样本集合为 D，第 k 个类别的数量为 C_k，则 $p_k = |c_k| / |D|$。

直观来说，$Gini(D)$ 反映了从数据集 D 中随机抽取两个样本，其类别标记不一致的概率。因此，$Gini(D)$ 越小，数据集 D 的纯度越高。

（2）属性的基尼指数

属性的基尼指数公式见式（3-11）。

$$Gini\_index(D,a) = \sum_{v=1}^{v} \frac{|D^v|}{|D|} Gini(D_v)$$ 式（3-11）

式（3-11）中，D：代表样本集合；

a：代表属性；

v：表示属性 a 取值的个数；

D^v：表示属性取值为 a^v 的集合。

3. 决策树算法总结

决策树算法总结见表 3-6 所列。

表 3-6 决策树算法总结

类型	ID3	C4.5	CART
解决问题	分类	分类	分类、回归
划分指标	信息增益	信息增益率	分类：基尼指数 回归：平方误差
指标特点	会偏向可取值 数目较多的属性		
属性选择	选择信息增益最大的属性	先找出信息增益高于平均 水平的属性，再从中选择 增益率最高的	选择划分后基尼指数 最小的属性； 选择划分后平方误差 最小的属性
优缺点	D3 会偏向可取值数目较多的 属性； D3 算法并未给出处理连续 数据的方法； D3 算法不能处理带有缺失值 的数据集； D3 算法只有树的生成，所以 容易过拟合	C4.5 可以处理连续值； C4.5 时间耗费大	CART 可以解决 回归问题

3.3 基于决策树对是否打高尔夫球做出决策

3.3.1 基于决策树对是否打高尔夫球做出决策

案例实现：根据天气情况对是否打高尔夫球做出决策。

案例描述：打高尔夫球数据集见表 3-7 所列，属性包含天气、温度、湿度、风速；标签是活动，表示能否打高尔夫球。

表 3-7 打高尔夫球数据集

编号	天气	温度	湿度	风速	活动
1	晴	炎热	高	弱	取消
2	晴	炎热	高	强	取消
3	阴	炎热	高	弱	进行
4	雨	适中	高	弱	进行
5	雨	寒冷	正常	弱	进行

（续表）

编号	天气	温度	湿度	风速	活动
6	雨	寒冷	正常	强	取消
7	阴	寒冷	正常	强	进行
8	晴	适中	高	弱	取消
9	晴	寒冷	正常	弱	进行
10	雨	适中	正常	弱	进行
11	晴	适中	正常	强	进行
12	阴	适中	高	强	进行
13	阴	炎热	正常	弱	进行
14	雨	适中	高	强	取消

案例目标：根据表格的数据建立一棵决策树，根据决策树预测能否去打高尔夫球。

【任务】　请建立决策树完成此案例的实现过程。

第4章 基于决策树识别信用卡数据欺诈行为

✏️ **学习目标**

● 理解项目实现的流程。

● 熟悉数据预处理及决策树算法的技术应用。

4.1 基于决策树识别信用卡数据欺诈行为

本节包含项目案例资料,并归纳该项目的实现过程。

4.1.1 项目介绍

1. 项目背景

信用卡是正规安全的信贷服务,但是频繁出现的信用卡交易欺诈行为,使信用卡行业信用卡使用者遭受巨额损失。出现信用卡欺诈的情况通常有以下几种。

(1)卡不在场

欺诈者通过盗取信用卡及其所有人的相关信息(卡号、有效期、姓名等)进行交易。

(2)卡被伪造

通过一定设备读取真实磁条卡的信息,并伪造信用卡。

(3)卡丢失或被盗

信用卡在持卡人挂失前被欺诈分子使用。

(4)身份信息被盗

欺诈分子通过盗取电话账单、水电费账单、银行对账单等信息,以他人名义申请信用卡。

(5)卡邮寄被盗

信用卡在邮寄过程中被盗。

2. 项目数据

(1)数据来源:Github。

(2)数据集内容

①某行某月一部分信用卡客户通过信用卡进行的交易记录,包括信用卡交易的金额、时间等信息;②数据大小:1230 行×31 列;③字段说明:共 31 个字段,由于数据保密性问题,不提供原始特征和数据上的更多背景信息,其中 V1～V28 是经过数据降维转换后的数据(数字变量);④Time 为交易时间,以秒为单位;⑤Amount 为交易金额;⑥Class 是交易类型(欺诈情况为 1,非欺诈情况为 0)。

（3）字段在模型中的角色

字段在模型中的角色见表 4-1 所列。

表 4-1　字段在模型中的角色

字段	字段在模型中的角色	字段	字段在模型中的角色
Time	自变量,输入	V16	自变量,输入
V1	自变量,输入	V17	自变量,输入
V2	自变量,输入	V18	自变量,输入
V3	自变量,输入	V19	自变量,输入
V4	自变量,输入	V20	自变量,输入
V5	自变量,输入	V21	自变量,输入
V6	自变量,输入	V22	自变量,输入
V7	自变量,输入	V23	自变量,输入
V8	自变量,输入	V24	自变量,输入
V9	自变量,输入	V25	自变量,输入
V10	自变量,输入	V26	自变量,输入
V11	自变量,输入	V27	自变量,输入
V12	自变量,输入	V28	自变量,输入
V13	自变量,输入	Amount	自变量,输入
V14	自变量,输入	Class	因变量,输出;1:欺诈;0:非欺诈
V15	自变量,输入		

3. 项目目标

（1）基于交易数据,利用决策树算法建立模型,识别交易数据是否存在欺诈行为。

（2）熟悉项目实现的流程。

4. 项目实现方式

（1）Python 语言实现。

（2）数据挖掘工具。

4.1.2　项目实现过程

1. 数据挖掘工具项目实现过程

（1）选择数据源

① 点击"选择数据源"。

② 选择内置的数据:信用卡数据.csv。

③ 点击"保存"。

（2）配置模型

① 点击"配置模型"。

② 选择决策树。

③ 选择自变量：Time，V1，V2，V3，V4，V5，V6，V7，V8，V9，V10，V11，V12，V13，V14，V15，V16，V17，V18，V19，V20，V21，V22，V23，V24，V25，V26，V27，V28，Amount。

选择因变量：Class。

④ 测试集比例：0.25。

⑤ 树的深度范围：1～5。

⑥ 最小叶子数：1，即叶子结点的样本数至少有 1 个。

⑦ 测量分割指数的函数：选择 Gini。

⑧ 点击"保存"。

（3）开始建模

① 开始建模。

② 查看训练结果。

（4）选择预测数据

① 选择预测数据。

② 选择内置数据：信用卡预测数据.csv。

③ 点击"保存"。

（5）开始预测

① 点击"开始预测"。

② 查看预测结果。

2. Python 实现过程

Python 代码执行过程如图 4-1 所示。

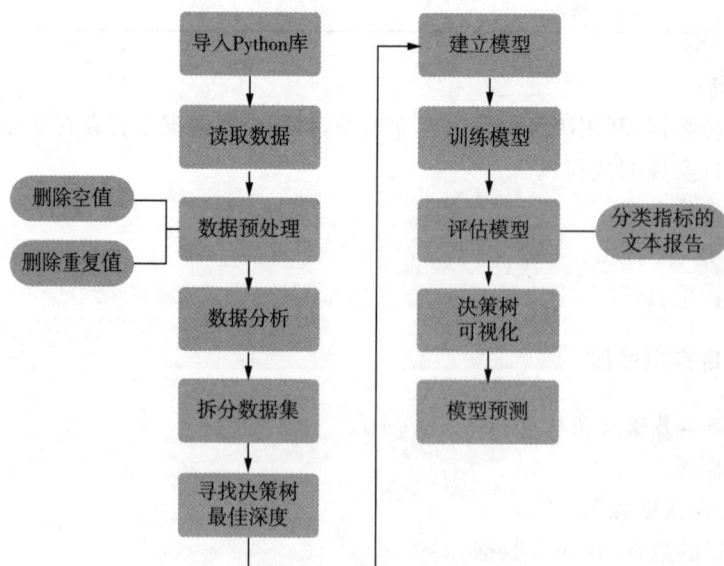

图 4-1　Python 代码执行过程

（1）导入 Python 库

```
# 导入 Python 库
import pandas as pd   # pandas:数据分析库
from sklearn.model_selection import train_test_split   # sklearn:机器学习库
from sklearn.metrics import classification_report,confusion_matrixfrom sklearn.tree
import DecisionTreeClassifier
from matplotlib import pyplot as plt   # matplotlib:数据可视化库
import matplotlib as mpl
plt.rcParams['font.sans-serif'] = ['simhei']   # 中文显示
mpl.rcParams['axes.unicode_minus'] = False   # 负号显示
import warnings   # 忽略警告信息
warnings.filterwarnings('ignore')
import numpy as np
from sklearn import tree
import pydotplus
```

（2）读取数据

```
# 获取信用卡欺诈数据
data = pd.read_csv('数据挖掘与算法/信用卡数据.csv')
```

（3）数据预处理

```
# 数据预处理
# 数据存在空值,删除空值
data = data.dropna()
# 删除完全一样的数据,去重
data = data.drop_duplicates()
```

（4）数据分析

```
# 数据分析:统计欺诈非欺诈数量
num_1 = len(data[data['Class'] == 1])
num_0 = len(data[data['Class'] == 0])
print('欺诈的数量:',num_1)
print('非欺诈的数量:',num_0)
```

统计信用卡交易欺诈和非欺诈的数量分布,检查数据是否存在数据不平衡现象。

（5）拆分数据集

```python
# 构造训练数据
# 获取类别数据
target = data['Class']. values
# 获取列名列表
column_names = data. columns. tolist()
# 列名列表删除"Class"
column_names. remove('Class')
# 获取特征数据
features = data[column_names]. values
# 拆分数据集
# 20% 作为测试集,其余作为训练集
X_train,X_test,y_train,y_test = train_test_split(features,target,test_size = 0. 2,
stratify = target)
```

（6）寻找决策树最佳深度

```python
# 找到树的最佳深度
# 设定树的深度范围
depth_range = np. arange(1,20)
true_score_list = []
test_score_list = []
for d in depth_range:
    clf = DecisionTreeClassifier(max_depth = d). fit(X_train,y_train)
    true_score = clf. score(X_train,y_train)
    true_score_list. append(true_score)
    test_score = clf. score(X_test,y_test)
    test_score_list. append(test_score)
plt. figure(figsize = (6,4),dpi = 120)
plt. grid()
plt. xlabel('max tree deep')
plt. ylabel('score')
plt. plot(depth_range,test_score_list,label = 'test score')
plt. plot(depth_range,true_score_list,label = 'train score')
plt. legend()
plt. show()
# 获取测试数据集评分最高的索引
te_best_index = int(np. argmax(test_score_list))
```

```
# 树的高度 = 测试数据集评分最高的索引 + 1
tree_dep = te_best_index + 1
print('树的最佳深度,:',tree_dep)
```

（7）建立模型

```
model = DecisionTreeClassifier(max_depth = tree_dep)
```

（8）训练模型

```
# 训练模型
model.fit(X_train,y_train)
```

（9）评估模型

```
# 模型预测训练集的数据
y_pred = model.predict(X_test)
# 模型评估
# 分类指标的文本报告
print('分类指标的文本报告:',classification_report(y_test,y_pred))
```

分类指标的文本报告见表 4-2 所列。其中：

① 精确度：Precision,正确预测为正的,占全部预测为正的比例,TP/(TP+FP)；

② 召回率：Recall,正确预测为正的,占全部实际为正的比例,TP/(TP+FN)；

③ F1-score：精确率和召回率的调和平均数,$2 \times$ Precision $\times$ Recall/(Precision $+$ Recall)；

④ 准确率：Accuracy,分类正确的样本数占样本总数的比例；

⑤ 宏平均值：Macro Average,所有标签结果的平均值；

⑥ 加权平均值：Weighted Average,所有标签结果的加权平均值。

表 4-2　分类指标的文本报告

0	0.93	0.99	0.96	147
1	0.99	0.88	0.93	95
Accuracy			0.95	242
Macro Avg	0.96	0.94	0.95	242
Weighted Avg	0.95	0.95	0.95	242

(10)决策树可视化

```
# 列出决策树的所有标签,是一个数组
class_names = model. classes_
# 将标签类型转为 str
class_names = [str(i)for i in class_names]
# 把这棵树 model 进行图像化,让人看着更加清晰
dot_data = tree. export_graphviz(model,feature_names = column_names,   # 类别名称
class_names = class_names,   # 特征名称
filled = True,   # 给图形填充颜色
rounded = True,   # 图形的节点是圆角矩形
special_characters = True,   # 不忽略特殊字符
max_depth = tree_dep)   # 表示的最大深度
graph = pydotplus. graph_from_dot_data(dot_data)
graph. write_png('基于决策树识别信用卡数据欺诈行为/决策树 . png')# 保存图像
```

图像结果解释(以第一个节点为例):

① V14 <=−1.807:这意味着选中该属性作为分裂节点,小于−1.807 的样本都转到左分支,大于−1.807 的样本转到右分支;

② Gini=0.476:节点的基尼指数,它描述数据的纯度;

③ Samples=968:表示节点包含 968 个样本,这意味着决策树在 968 个样本上进行了训练;

④ Value:表示不同种类所占的个数,如节点中有 590 个样本表示非欺诈数量,378 个样本表示欺诈的数量;

⑤ 根据 Value 不同种类所占的个数,得出 Class=0,则认为该节点为非欺诈。

```
# 保存属性的重要性
importances = pd. DataFrame({'feature':column_names,' importance':np. round(model. feature
_importances_,3)})
importances = importances. sort_values(' importance',ascending = False)
importances. to_csv('基于决策树识别信用卡数据欺诈行为/属性重要性排序 . csv',index =
False,encoding = 'utf − 8 − sig')
```

(11)模型预测

```
# 获取预测数据
file_pre = '基于决策树识别信用卡数据欺诈行为/信用卡欺诈预测数据 . csv'
df_pre = pd. read_csv(file_pre)
# 模型预测
```

```
y_predict = model. predict(df_pre. values)
df_pre['label'] = y_predict
df_pre. to_csv('基于决策树识别信用卡数据欺诈行为/预测结果数据. csv', index = False)
```

决策树结构图如图 4-2 所示。

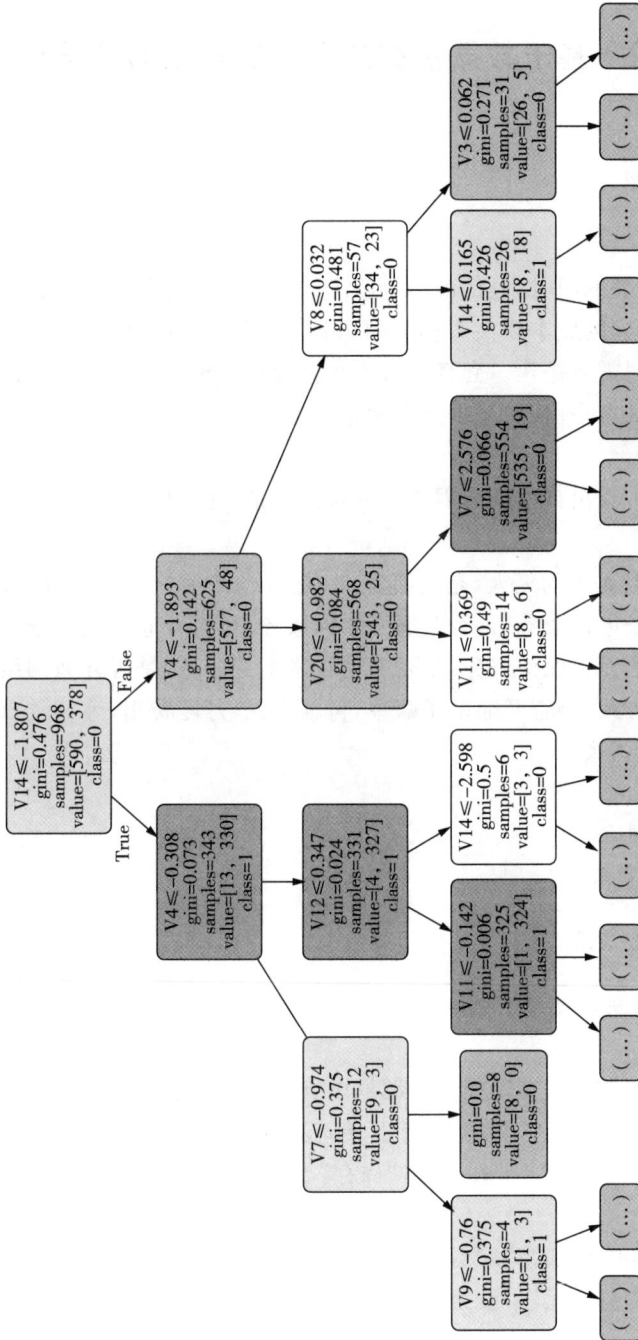

图4-2　决策树结构图（显示3层）

4.1.3 项目总结

根据已经建立的信用卡欺诈识别模型,可以对新的消费记录进行检测。如果存在欺诈行为,应及时采取对应的措施,推进信用卡业务良性发展,减少坏账风险,避免财产的损失。注意,每次运行的结果可能会不一样,这是因为随机选择训练集数据训练模型,会导致模型不一样,但是模型差别不大。

4.2 基于数据挖掘工具预测电信客户流失

4.2.1 项目介绍

1. 案例背景

电信行业蓬勃发展的同时,电信市场也趋于饱和。通常情况下,电信运营商获得新客户的成本比保留现有客户的成本要高得多。可以说,电信运营商的竞争就是针对客户资源的竞争。因此,电信公司需要搭建一套客户流失预警模型来预测客户是否会流失,以帮助电信公司为优化业务、提高客户留存、减少流失制定策略。

2. 任务目标

基于决策树算法,找出自变量与因变量的映射关系,建立模型,预测客户是否会流失。

3. 数据介绍

自变量(x):性别,是否为老人,是否有配偶,是否经济独立,用户入网时间,是否开通电话业务,是否开通多条电话业务,是否开通互联网服务,是否开通网络安全服务,是否开通在线备份服务,是否开通设备保护服务,是否开通技术支持业务,是否开通网络电视,是否开通网络电影,合同签订方式,是否开通电子账单,付款方式,月度费用,等等。

因变量(y):是否流失。

4. 实现方式

(1)数据挖掘工具。

(2)Python 语言实现。

4.2.2 项目实战演练

1. 数据挖掘工具实现过程

(1)选择数据源

点击"选择数据源"按钮,在选择数据源框中点击向下的箭头,选择内置数据表,点击"保存";也可以点击上传数据,将数据进行上传,这里数据支持的文件格式有 .xls,.xlsx,.txt,.csv,单个文件不能超过10M。点击"保存"。

(2)配置模型

点击"配置模型",弹出模型库,选择分类分析中的决策树,在右侧弹出决策树参数设置框。

自变量:选择自变量的元素,设为自变量,点击"确认"。

因变量:选择因变量的元素,设为因变量,点击"确认"。

测试集比例:填写 0~1 的数。建立填写 0.2~0.3 的数。例如,0.2 表示测试集比例是 0.2,训练集比例是 0.8。

树的深度:填写深度范围,如标题提示的数据 1~5。

最小叶子数:每个叶子节点的最少样本数,这里可以写 1。

测量分割指数的函数:Gini;Entropy。

点击"保存"。

(3)开始建模

(4)查看训练结果

(5)选择预测数据

在选择数据源框中点击向下的箭头,选择内置数据表,点击"保存";也可以点击上传数据,将数据进行上传,这里数据支持的文件格式有.xls,.xlsx,.txt,.csv,单个文件不能超过 10M。点击"保存"。

(6)查看预测结果

2.Python 实现过程

(1)Python 代码

```python
import pandas as pd    # pandas:数据分析库
from sklearn.model_selection import train_test_split   # sklearn:机器学习库
from sklearn.metrics import classification_report
from sklearn.tree import DecisionTreeClassifier
from matplotlib import pyplot as plt    # matplotlib:数据可视化库
import matplotlib as mpl
import warnings    # 忽略警告信息
warnings.filterwarnings('ignore')
import numpy as np
from sklearn import tree
import pydotplus
plt.rcParams['font.sans-serif'] = ['simhei']    # 中文显示
mpl.rcParams['axes.unicode_minus'] = False    # 负号显示
# 获取电信客户数据
data = pd.read_excel('电信客户数据.xlsx')
# 查看数据的行列数
print(data.shape)
# 数据预处理
# 数据存在空值,删除空值
data = data.dropna()
# 查看删除空值数据的行列数
print(data.shape)
```

```
# 删除完全一样的数据,去重
data = data. drop_duplicates()
# 查看删除空值数据的行列数
print(data. shape)
# 数据分析:统计是否流失情况
num_1 = len(data[data['是否流失'] == 1])
num_0 = len(data[data['是否流失'] == 0])
print('流失:',num_1)
print('没有流失:',num_0)
# 构造训练数据
# 获取类别数据
target = data['是否流失']. values
# 获取列名列表
column_names = data. columns. tolist()
# 列名列表删除"是否流失"
column_names. remove('是否流失')
# 获取特征数据
features = data[column_names]. values
# 拆分数据集
# 20% 作为测试集,其余作为训练集
X_train, X_test, y_train, y_test = train_test_split(features, target, test_size = 0. 2,
stratify = target)
# 找到树的最佳深度
# 设定树的深度范围
depth_range = np. arange(1,11)
# 创建列表:用于存储训练集的准确度
true_score_list = []
# 创建列表:用于存储测试集的准确度
test_score_list = []
# 开始循环计算每个深度对应的取值
for d in depth_range:
    # 建立模型,并训练
    clf = DecisionTreeClassifier(max_depth = d). fit(X_train,y_train)
    # 利用模型计算训练集的准确度
    true_score = clf. score(X_train,y_train)
    # 存储计算结果
    true_score_list. append(true_score)
    # 利用模型计算测试集的准确度
    test_score = clf. score(X_test,y_test)
    # 存储计算结果
```

```
        test_score_list. append(test_score)
    # 创建画布,指定画布大小和分辨率
plt. figure(figsize = (6,4),dpi = 120)
    # 画出测试集准确度
plt. plot(depth_range,test_score_list,label = '测试集准确度')
    # 画出训练集准确度
plt. plot(depth_range,true_score_list,label = '训练集准确度')
    # 显示图表中的网格线
plt. grid()
    # 指定 x 轴标签
plt. xlabel('树的深度')
    # 指定 y 轴标签
plt. ylabel('准确度')
    # 显示图例
plt. legend()
    # 显示图像
plt. show()
    # 获取测试数据集评分最高的索引
te_best_index = int(np. argmax(test_score_list))
    # 树的高度 = 测试数据集评分最高的索引 + 1
tree_dep = te_best_index + 1
print('树的最佳深度,:',tree_dep)
    # 建立模型
model = DecisionTreeClassifier(max_depth = tree_dep)
    # 训练模型
model. fit(X_train,y_train)
    # 模型预测训练集的数据
y_pred = model. predict(X_test)
    # 模型评估
    # 分类指标的文本报告
print('分类指标的文本报告:')
print(classification_report(y_test,y_pred))
    # 列出决策树的所有标签,是一个数组
class_names = model. classes_
    # 将标签类型转为 str
class_names = [str(i)for i in class_names]
    # 把这棵树 model 进行图像化,让人看着更加清晰
dot_tree = tree. export_graphviz(model,feature_names = column_names, # 类别名称
                        class_names = class_names,    # 特征名称
                        filled = True,    # 给图形填充颜色
```

```
                                    rounded = True,     # 图形的节点是圆角矩形
                                    special_characters = True, # 不忽略特殊字符
                                    max_depth = tree_dep)    # 表示的最大深度
# 将 Graphviz dot 格式中的'helvetica'字体替换为'MicrosoftYahei'
dot_tree_val = dot_tree. replace('helvetica','MicrosoftYaHei')
# 将 Graphviz dot 格式转为图形,可视化决策树图形
graph = pydotplus. graph_from_dot_data(dot_tree_val)
graph. write_png('信用卡欺诈检测/课后作业数据结果/决策树.png')   # 保存图像
# 模型已知,model. feature_importances_:获取每个自变量的权重
# 权重保留 3 位小数
weight_val = np. round(model. feature_importances_,3)
# 构造权重表格数据
df_weight = pd. DataFrame({'变量':column_names,'权重':weight_val})
# 根据权重降序排序
df_weight = df_weight. sort_values('权重',ascending = False)
# 保存结果
df_weight. to_excel('信用卡欺诈检测/课后作业数据结果/属性权重.xlsx',index = False,
encoding = 'utf - 8 - sig')
print(df_weight)
# 获取预测数据
file_pre = '信用卡欺诈检测/课后作业数据来源/电信客户预测数据.xlsx'
df_pre = pd. read_excel(file_pre)
# 模型预测
y_predict = model. predict(df_pre. values)
df_pre['预测结果'] = y_predict
df_pre. to_excel('信用卡欺诈检测/课后作业数据结果/预测结果数据.xlsx',index = False,
encoding = 'utf = 8 - sig')
```

第5章　聚类-K-means算法

✎ 学习目标

● 了解聚类和 K-means 算法的概念。
● 掌握 K-means 模型的算法原理。
● 熟练聚类分析和 K-means 算法的应用。

5.1 聚类概述

本节先介绍聚类的应用,然后进一步介绍聚类的概念、流程、评价指标和算法,旨在帮助学生鉴别聚类的问题,描述聚类的基本内容。

5.1.1 聚类概述

假设我们现在有一批数据,这些数据是无规律、无标签、错综复杂的变量。那么,针对以下各种情况我们该如何处理?

(1)当不知道数据分为几组时

在对这些毫无规律的数据进行分组时,可以通过聚类快速把这些数据进行整理。聚类分析用于分割数据,与分类不同,聚类模型将数据自然分组。

(2)分割和注释数据

对于较小的数据集,可以手动注释和组织,但对大量的数据进行手动分割和注释会很困难。聚类分析可以减少分割注释和时间。例如,语音识别算法会产生数百万个数据点,这需要数百小时才能完全注释;而聚类算法可以减少工作时间,快速提供答案。

(3)寻找异常数据

人为找出异常值是非常困难的,但是聚类能很轻松地识别异常数据。聚类更有价值的用途源于许多算法对异常数据点的敏感性。聚类分析可以找出异常数据,帮助优化现有的数据收集工具,并获得更准确的结果。

2. 聚类应用

在医学领域,什么是诊断类群?为了回答这个问题,研究人员通过诊断问卷(其中包括可能的症状)收集信息。聚类分析可以由此识别具有相似症状的患者组。

在教育领域,需要特别关注的学生群体有哪些?研究人员可以测量心理、能力和成就特征。聚类分析可以确定学生之间存在哪些同质群体,如所有学科的成绩都很高,或者某些学科成绩优异而其他学科成绩不佳的学生。

在生物学领域,什么是物种分类学? 研究人员可以收集不同植物的数据集,并记录其表型的不同属性。聚类分析可以将这些观察结果分组为一系列聚类,并有助于建立相似植物的组和亚组的分类法。

在保险行业,如何识别欺诈性保险? 聚类分析在汽车、医疗保险和保险欺诈检测领域中扮演着至关重要的角色,其利用欺诈性索赔的历史数据,根据欺诈性模式聚类的相似性来识别新的索赔。

5.1.2 聚类概念

聚类(Cluster)是把数据对象集合按照相似性划分成多个子集的过程。每个子集是一个簇,簇中的对象彼此相似,但与其他簇中的对象不相似。

聚类是无监督学习,因为数据没有类标号信息,所以最终由人来给这些簇(组)及其特征下定义,从而在具体的业务场景中应用它们。"物以类聚,人以群分"说的就是不同的人和事物因特征相似而归并成一类,形成了很多大大小小的分组/类。

5.1.3 聚类流程

选取数据→特征提取与选择→相似性度量→聚类算法→聚类结果→聚类有效性检验→聚类结果解读。

5.1.4 聚类评价指标

评价指标主要是衡量模型的性能。在评价不同模型的能力时,使用不同的评价指标往往会导致不同的评判结果。这意味着模型的"好坏"是相对的,不仅取决于算法和数据,还取决于任务需求。

5.1.5 聚类算法

常见的聚类算法如图 5-1 所示。

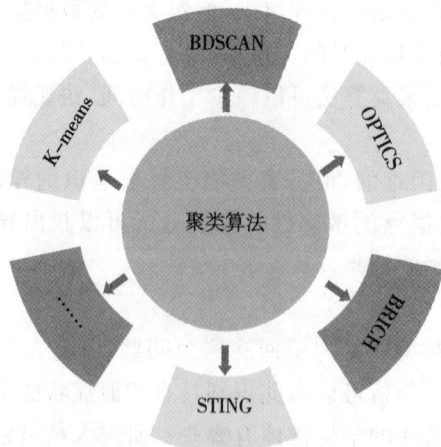

图 5-1 常见的聚类算法

5.2　K-means 算法

本节介绍 K-means 算法的相关概念、原理、流程，以及聚类个数的确定。

5.2.1　K-means 算法

1. 质心

质心：簇中所有点的中心（由计算所有点的均值而来）。质心如图 5-2 所示，每个圆圈内的三角形就是质心，图中有 3 个簇，共 3 个质心。

质心公式：计算簇内所有点的均值。假设在二维空间中有 n 个数据 (x_1, y_1)，(x_2, y_2)，…，(x_n, y_n)，簇内所有点在 x 轴方向的均值，y 轴方向的均值。其公式见式（5-1）。

图 5-2　质心

$$\frac{x_1 + x_2 + \cdots + x_n}{n}, \frac{y_1 + y_2 + \cdots + y_n}{n} \qquad 式（5-1）$$

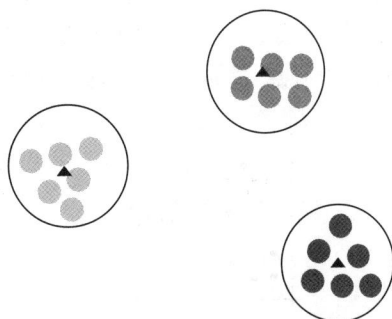

2. K-means 算法

K-means 算法是将数据分成 k 个组（簇），并使得在每个组（簇）中所有点与该组（簇）中心（质心）距离的总和最小。这样每个组（簇）内的数据相似性高，组（簇）之间数据的相似性低。

K-means 算法通常采用欧氏距离来计算数据对象间的距离。k 是组（簇）的个数，需要在聚类前给定；每个簇至少包含一个对象；每个对象属于且仅属于一个簇。K-means 算法如图 5-3 所示。

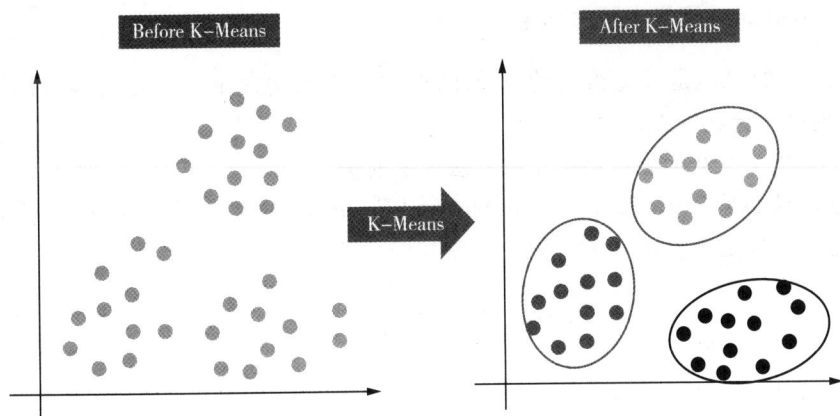

图 5-3　K-means 算法

3. K-means 算法原理

K-means 算法原理如图 5-4 所示，图中的数据聚成 3 个簇，过程如下。①随机选择 3 个对象作为初始的质心。②对每个样本，找到距离自己最近的质心，完成一次聚类。判断此次聚类前后样本点的聚类情况不同，继续下一步。③根据该次聚类的结果，更新中心点。④对每个样本，找到距离自己最近的质心，完成一次聚类。判断与此次聚类前样本点的聚类情况不同，继续下一步。⑤根据该次聚类的结果，更新中心点。⑥对每个样本，找到距离自己最近的中心点，完成一次聚类。判断与此次聚类前样本点的聚类情况相同，算法终止。

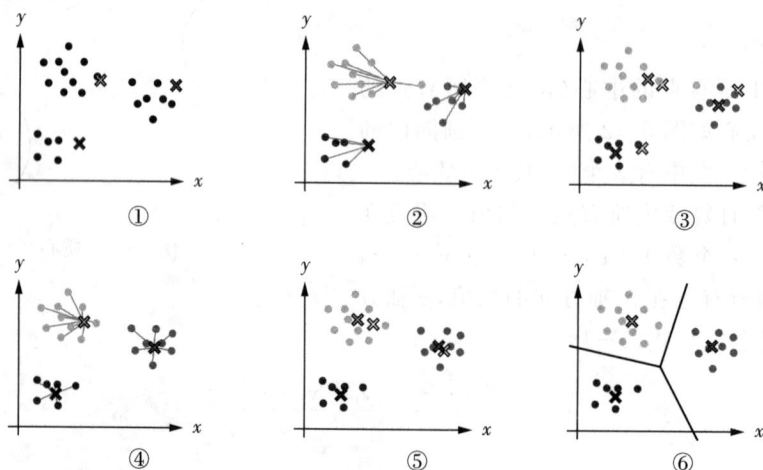

图 5-4　K-means 算法原理

4. K-means 算法流程

K-means 算法的结束条件可以是以下任何一个：

① 没有对象被重新分配给不同的聚类；

② 聚类中心不再发生变化；

③ 误差平方和局部最小。

5.2.2　K-means 聚类个数的确定

由于 k（簇的个数）是事先给定的，k 值的选取对于聚类效果的好坏有很大的影响。那么，应该如何确定合适的 k 值呢？

K-means 聚类个数的确定最常见的方法即手肘法。

手肘法的核心是 SSE(Sum Of The Squared Errors，误差平方和)，就是所有对象到其所在聚类中心的距离之和。SSE 的计算公式见式(5-2)。

$$SSE = \sum_{i=1}^{k} \sum_{p \in C_i} |p - m_i|^2 \qquad \text{式}(5-2)$$

式(5-1)中，C_i：第 i 个簇；

p：C_i 中的样本点；

m_i：C_i 的质心(C_i 中所有样本的均值)。

SSE 最终的结果如图 5-5 所示,即对图松散度的衡量。图中,$SSE_{左图}<SSE_{右图}$。

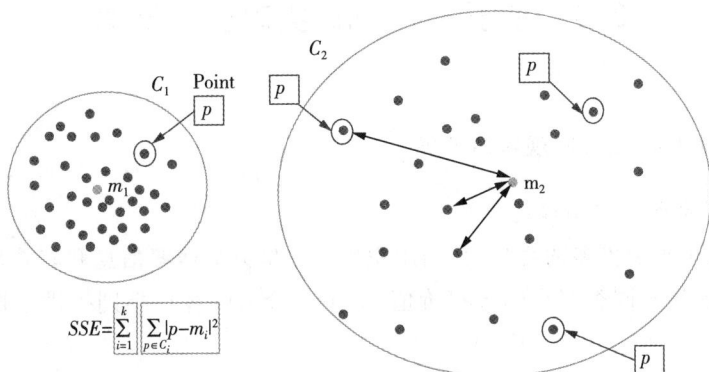

图 5-5　SSE 最终的结果

SSE 代表了聚类效果的好坏。随着聚类迭代,其值会越来越小,直到最后趋于稳定。对于不同的聚类,SSE 的大小肯定是不一样的。因此,使 SSE 最小的聚类是误差平方和准则下的最优结果。

手肘法,即当选择的 k 值小于真正的 k 时,k 每增加 1,聚类误差就会大幅减小;当选择的 k 值大于真正的 k 时,k 每增加 1,聚类误差的变化就不会那么明显。真正的 k 值就会在这个转折点,类似肘部的地方。手肘图如图 5-6 所示。

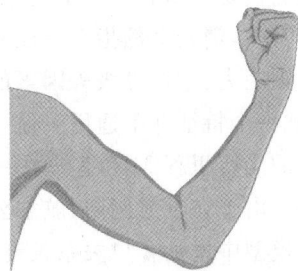

图 5-6　手肘图

手肘法的具体做法如下。

首先让 k 从 1 开始取值直到取到认为合适的上限(一般来说这个上限不会太大,这里我们选取上限为 8),对每一个 k 值进行聚类并且记下对应的 SSE,在这个误差平方和变化过程中,会出现一个拐点,即“肘”点,下降率突然变缓时即认为是最佳的 k 值;然后画出 k 和 SSE 的关系图(毫无疑问是手肘形);最后选取肘部对应的 k 作为我们的最佳聚类数。利用手肘法确定 k 值如图 5-7 所示。

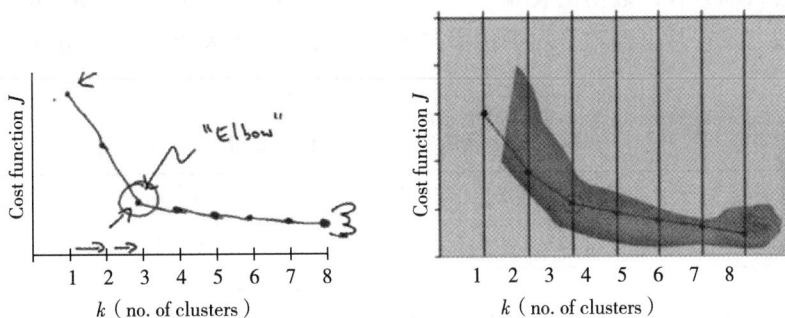

图 5-7　利用手肘法确定 k 值

5.3 基于 K-means 实现客户聚类

5.3.1 基于 K-means 实现客户聚类

1. 客户价值分析之案例描述

航空公司为了吸引更多的客户,会利用积累的大量会员档案信息和其乘坐航班记录,对客户进行分类,比较不同类客户的客户价值,对不同价值的客户类别提供个性化服务,进行精准营销。

美国数据库营销研究所的 Arthur Hughes 研究发现,在客户数据分析中有三个重要的指标,即最近一次消费(Recency,近度)、消费频率(Frequency,频度)、消费金额(Monetary,额度),它们是衡量客户价值的重要标准。客户数据分析,即 RFM 分析,是一种探索性分析方法。其中,消费金额指在一段时间内客户购买该企业产品的金额的总和,而由于航空票价受到运输距离、舱位等级等因素的影响,同样消费金额的不同旅客对航空公司的价值并不相同,因此一个特征并不适用于航空公司的所有客户价值分析。本案例选择客户在一定时间内累积的飞行里程 M 和客户在一定时间内乘坐舱位所对应的折扣系数 C 两个特征代替消费金额。由于在本案例中,航空公司会员入会时间的长短在一定程度上能够影响客户价值,所以在模型中增加客户关系长度 L,作为区分客户的另一特征。

最终,本案例将消费时间间隔 R、飞行次数 F、飞行里程 M、折扣系数的平均值 C 和入会时长 L 这 5 个特征作为航空公司识别客户价值的特征,记为 LRFMC 模型。具体如下:

L:会员入会时长,反映活跃的时长;

R:最近一次消费,即客户最近一次乘坐公司飞机距观测窗口结束的月数,反映当前的活跃状态;

F:消费频率,即乘机次数,反映客户的忠诚度;

M:客户在观测窗口内累计的飞行里程,反映客户对乘机的依赖性;

C:客户在观测窗口内乘坐舱位所对应的折扣系数的平均值,反映客户价值的高低。

某航空公司部分客户数据见表 5-1 所列,共 22 条数据。利用 K-means 对"上一飞行距今""飞行次数""飞行总里程""平均折扣率""入会时长"5 个指标进行聚类分析,对客户进行分类。

表 5-1　某航空公司部分客户数据

编号	上一飞行距今(天)	飞行次数(次)	飞行总里程(千米)	平均折扣率	入会时长(天)
1	1	210	580717	0.961639043	2706
2	7	140	293678	1.25231444	2597
3	11	135	283712	1.254675516	2615
4	97	23	281336	1.090869565	2047

（续表）

编号	上一飞行距今（天）	飞行次数（次）	飞行总里程（千米）	平均折扣率	入会时长（天）
5	5	152	309928	0.970657895	1816
6	79	92	294585	0.967692483	2241
7	1	101	287042	0.965346535	2931
8	3	73	287230	0.962070222	1452
9	6	56	321489	0.828478237	1028
10	15	64	375074	0.708010153	1365
11	22	43	262013	0.988658044	1229
12	6	145	271438	0.95253487	3425
13	67	29	321529	0.799126984	2685
14	3	118	179514	1.398381742	2714
15	2	50	270067	0.921984841	1519
16	65	22	234721	1.026084586	2194
17	7	101	172231	1.3865249	1355
18	45	40	284160	0.837844243	1237
19	2	64	169358	1.401596264	2916
20	24	38	332696	0.70828541	945
21	4	106	167113	1.369404116	2070
22	6	23	214590	1.061630924	1028

2. 客户价值分析之实现过程

为提高结果的准确性，需要数据规范化。这里选择数据归一化，把数值都规范于 [0,1]。将数据规范化处理后的结果见表 5-2 所列。

表 5-2　将数据规范化处理后的结果

编号	上一飞行距今（天）	飞行次数（次）	飞行总里程（千米）	平均折扣率	入会时长（天）
1	0	1	1	0.37	0.71
2	0.06	0.63	0.31	0.78	0.67
3	0.1	0.6	0.28	0.79	0.67
4	1	0.01	0.28	0.55	0.44
5	0.04	0.69	0.35	0.38	0.35
6	0.81	0.37	0.31	0.37	0.52
7	0	0.42	0.29	0.37	0.8
8	0.02	0.27	0.29	0.37	0.2

（续表）

编号	上一飞行距今(天)	飞行次数(次)	飞行总里程(千米)	平均折扣率	入会时长(天)
9	0.05	0.18	0.37	0.17	0.03
10	0.15	0.22	0.5	0	0.17
11	0.22	0.11	0.23	0.4	0.11
12	0.05	0.65	0.25	0.35	1
13	0.69	0.04	0.37	0.13	0.7
14	0.02	0.51	0.03	1	0.71
15	0.07	0.15	0.25	0.31	0.23
16	0.67	0	0.16	0.46	0.5
17	0.06	0.42	0.07	0.98	0.17
18	0.46	0.1	0.28	0.19	0.12
19	0.07	0.22	0.01	1	0.79
20	0.24	0.09	0.4	0	0
21	0.03	0.45	0	0.95	0.45
22	0.05	0.01	0.17	0.51	0.03

这里将数据分为 3 类：随机选择 3 条数据作为初始中心点。这里选取编号 1 作为簇 C1 的中心点、编号 2 作为簇 C2 的中心点、编号 3 作为簇 C3 的中心点。

（1）编号 1 与中心点的距离

编号 1 与簇 C1 的中心点的距离：

$$\sqrt{(0.00-0.00)^2+(1.00-1.00)^2+(1.00-1.00)^2+(0.37-0.37)^2+(0.71-0.71)^2}=0$$

编号 1 与簇 C2 的中心点的距离：

$$\sqrt{(0.00-0.06)^2+(1.00-0.63)^2+(1.00-0.31)^2+(0.37-0.78)^2+(0.71-0.67)^2}=0.9$$

编号 1 与簇 C3 的中心点的距离：

$$\sqrt{(0.00-0.1)^2+(1.00-0.6)^2+(1.00-0.28)^2+(0.37-0.79)^2+(0.71-0.67)^2}=0.93$$

编号 1 与簇 C1 的距离最近，将编号 1 划分到簇 C1 内。

（2）编号 2 与中心点的距离

编号 2 与簇 C1 的中心点的距离：

$$\sqrt{(0.06-0.00)^2+(0.63-1.00)^2+(0.31-1.00)^2+(0.78-0.37)^2+(0.67-0.71)^2}=0.9$$

编号 2 与簇 C2 的中心点的距离：

$$\sqrt{(0.06-0.06)^2+(0.63-0.63)^2+(0.31-0.31)^2+(0.78-0.78)^2+(0.67-0.67)^2}=0$$

编号 2 与簇 C3 的中心点的距离：

$$\sqrt{(0.06-0.1)^2+(0.63-0.6)^2+(0.31-0.28)^2+(0.78-0.79)^2+(0.67-0.67)^2}=0.06$$

编号 2 与簇 C2 的距离最近,将编号 2 划分到簇 C2 内。

（3）编号 3 与中心点的距离

编号 3 与簇 C1 的中心点的距离：

$$\sqrt{(0.1-0.00)^2+(0.6-1.00)^2+(0.28-1.00)^2+(0.79-0.37)^2+(0.67-0.71)^2}=0.93$$

编号 3 与簇 C2 的中心点的距离：

$$\sqrt{(0.1-0.06)^2+(0.6-0.63)^2+(0.28-0.31)^2+(0.79-0.78)^2+(0.67-0.67)^2}=0.06$$

编号 3 与簇 C3 的中心点的距离：

$$\sqrt{(0.1-0.1)^2+(0.6-0.6)^2+(0.28-0.28)^2+(0.79-0.79)^2+(0.67-0.67)^2}=0$$

编号 3 与簇 C3 的距离最近,将编号 3 划分到簇 C3 内。

（4）编号 4 与中心点的距离

编号 4 与簇 C1 的中心点的距离：

$$\sqrt{(1-0.00)^2+(0.01-1.00)^2+(0.28-1.00)^2+(0.55-0.37)^2+(0.44-0.71)^2}=1.62$$

编号 4 与簇 C2 的中心点的距离：

$$\sqrt{(1-0.06)^2+(0.01-0.63)^2+(0.28-0.31)^2+(0.55-0.78)^2+(0.44-0.67)^2}=1.17$$

编号 4 与簇 C3 的中心点的距离：

$$\sqrt{(1-0.1)^2+(0.01-0.6)^2+(0.28-0.28)^2+(0.55-0.79)^2+(0.44-0.67)^2}=1.13$$

编号 4 与簇 C3 的距离最近,将编号 4 划分到簇 C3 内。

同理计算其他编号与 3 个中心点的距离,并划分到距离其最近的簇。聚类结果见表 5－3所列。

表 5－3　聚类结果

编号	与 C1 中心点的距离	与 C2 中心点的距离	与 C3 中心点的距离	聚类结果
1	0.00	0.90	0.93	簇 C1 成员:1
2	0.90	0.00	0.06	簇 C2 成员:2
3	0.93	0.06	0.00	簇 C3 成员:3
4	1.62	1.17	1.13	簇 C3 成员:3,4
5	0.81	0.52	0.54	簇 C2 成员:2,5
6	1.25	0.90	0.87	簇 C3 成员:3,4,6

（续表）

编号	与 C1 中心点的距离	与 C2 中心点的距离	与 C3 中心点的距离	聚类结果
7	0.92	0.49	0.48	簇 C3 成员:3,4,6,7
8	1.14	0.72	0.72	簇 C2 成员:2,5,8
9	1.25	0.99	0.99	簇 C2 成员:2.5,8,9
10	1.14	1.04	1.03	簇 C3 成员:3,4,6,7,10
11	1.34	0.86	0.85	簇 C3 成员:3,4,6,7,10,11
12	0.88	0.55	0.55	簇 C2 成员:2,5,8,9,12
13	1.36	1.08	1.05	簇 C3 成员:3,4,6,7,10,11,13
14	1.26	0.37	0.35	簇 C3 成员:3,4,6,7,10,11,13,14
15	1.23	0.81	0.80	簇 C3 成员:3,4,6,7,10,11,13,14,15
16	1.48	0.96	0.91	簇 C3 成员:3,4,6,7,10,11,13,14,15,16
17	1.41	0.65	0.63	簇 C3 成员:3,4,6,7,10,11,13,14,15,16,17
18	1.39	1.05	1.03	簇 C3 成员:3,4,6,7,10,11,13.14,15,16,17,18
19	1.41	0.57	0.54	簇 C3 成员:3,4,6,7,10,11,13,14.15,16,17,18,19
20	1.38	1.18	1.17	簇 C3 成员:3,4,6,7,10,11,13,14,15,16,17,18,19,20
21	1.31	0.45	0.43	簇 C3 成员:3,4,6,7,10,11,13,14,15,16,17,18,19,20 21
22	1.50	0.95	0.93	簇 C3 成员:3,4,6.7,10,11,13.14.15,16,17.18,19,20,21,22

（5）更新簇中心点

① 簇 C1 成员:编号 1。

根据第一次的聚类结果,需要更新簇的中心点(质心),这里选择的方式是取簇内样本的平均值。

簇 C1 的中心点:(0.00,1.00,1.00,0.37,0.71)。

② 簇 C2 成员:编号 2,5,8,9,12。

更新簇 C2 的中心点:

$$(0.06+0.04+0.02+0.05+0.05)/5=0.044$$

$$(0.63+0.69+0.27+0.18+0.65)/5=0.484$$

$$(0.31+0.35+0.29+0.37+0.25)/5=0.314$$

$$(0.78+0.38+0.37+0.17+0.35)/5=0.41$$

$$(0.67+0.35+0.2+0.03+1)/5=0.45$$

③ 簇 C2 的中心点:(0.044,0.484,0.314,0.41,0.45)。

簇 C3 成员:编号 3,4,6,7,10,11,13,14,15,16,17,18,19,20,21,22。

更新簇 C3 的中心点：

$(0.1+1.0+0.81+0.0+0.15+0.22+0.69+0.02+0.01+0.67+0.06+0.46+0.01+0.24+0.03+0.05)/16=0.28$

$(0.6+0.01+0.37+0.42+0.22+0.11+0.04+0.51+0.15+0.0+0.42+0.1+0.22+0.09+0.45+0.01)/16=0.24$

$(0.28+0.28+0.31+0.29+0.5+0.23+0.37+0.03+0.25+0.16+0.01+0.28+0.01+0.4+0+0.11)/16=0.22$

$(0.79+0.55+0.37+0.37+0.0+0.4+0.13+1.0+0.31+0.46+0.98+0.19+1.0+0.0+0.95+0.51)/16=0.5$

$(0.67+0.44+0.52+0.8+0.17+0.11+0.7+0.71+0.23+0.5+0.17+0.12+0.79+0.0+0.45+0.03)/16=0.4$

簇 C3 的中心点：$(0.28, 0.24, 0.22, 0.5, 0.4)$。

计算每个客户与更新后的中心点的距离，按照距离远近重新对客户进行聚类，再根据客户的聚类结果更新中心点的位置，最后一直迭代（重复上述的计算过程：计算中心点和划分）直到聚类不再发生变化。

最终聚类结果见表 5-4 所列。

表 5-4　最终聚类结果

编号	上一飞行距今(天)	飞行次数(次)	飞行总里程(千米)	平均折扣率	入会时长(天)	结果
1	1	210	580717	0.961639043	2706	0
2	7	140	293678	1.25231444	2597	0
3	11	135	283712	1.254675516	2615	0
4	97	23	281336	1.090869565	2047	1
5	5	152	309928	0.970657895	1816	0
6	79	92	294585	0.967692483	2241	1
7	1	101	287042	0.965346535	2931	0
8	3	73	287230	0.962070222	1452	2
9	6	56	321489	0.828478237	1028	2
10	15	64	375074	0.708010153	1365	2
11	22	43	262013	0.988658044	1229	2
12	6	145	271438	0.95253487	3425	0
13	67	29	321529	0.799126984	2685	1

（续表）

编号	上一飞行距今（天）	飞行次数（次）	飞行总里程（千米）	平均折扣率	入会时长（天）	结果
14	3	118	179514	1.398381742	2714	0
15	2	50	270067	0.921984841	1519	2
16	65	22	234721	1.026084586	2194	1
17	7	101	172231	1.3865249	1355	0
18	45	40	284160	0.837844243	1237	2
19	2	64	169358	1.401596264	2916	0
20	24	38	332696	0.70828541	945	2
21	4	106	167113	1.369404116	2070	0
22	6	23	214590	1.061630924	1028	2

第6章 基于 K-means 实现航空公司客户价值分析

✏️ 学习目标

● 理解项目实现的流程。
● 熟悉 K-means 算法的技术应用。

6.1 基于 K-means 实现客户价值分析

6.1.1 项目介绍

1. 项目背景

面对激烈的市场竞争,各个航空公司相继推出更优惠的营销方式来吸引更多的客户。国内某航空公司面临着常旅客流失、竞争力下降和航空资源未充分利用等经营危机。通过建立合理的客户价值评估模型,对客户进行分类,分析不同客户群体的价值,并制定相应的营销策略,为不同的客户群提供个性化的客户服务是必须且有效的。

2. 项目数据

项目数据来源于 Github。抽取某航空公司 2012 年 4 月 1 日—2014 年 3 月 31 日的数据。

数据维度:选取"上一飞行距今""飞行次数""飞行总里程""平均折扣率""入会时长"5个指标作为航空公司识别客户价值指标。

数据大小:3004 行×5 列。

字段在模型中的角色见表 6-1 所列。

表 6-1 字段在模型中的角色

字　段	在模型中的角色
上一飞行距今	自变量,输入
飞行次数	自变量,输入
飞行总里程	自变量,输入
平均折扣率	自变量,输入
入会时长	自变量,输入

3. 项目目标

(1)根据"上一飞行距今""飞行次数""飞行总里程""平均折扣率""入会时长"5个指标的数据,利用 K-means 建立模型,分析客户价值。

(2)熟悉项目实现的过程。

4. 项目实现方式

(1)数据挖掘工具。

(2)Python 语言实现。

5. 项目框架

项目框架如图 6-1 所示。

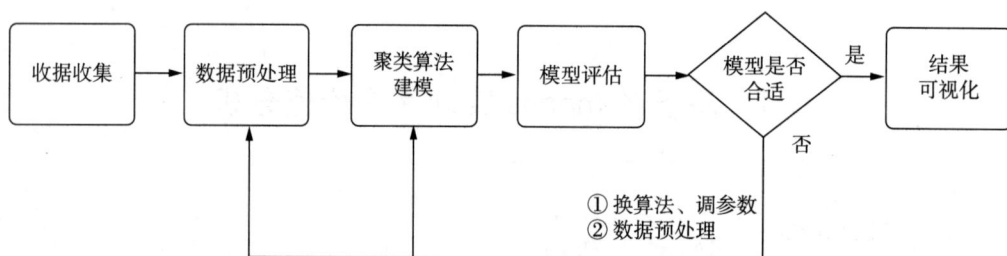

收据收集 → 数据预处理 → 聚类算法建模 → 模型评估 → 模型是否合适 —是→ 结果可视化

否

① 换算法、调参数
② 数据预处理

图 6-1 项目框架

6.1.2 项目实现过程

1. 数据挖掘工具实现过程

(1)选择数据源

① 点击"选择数据源"。

② 选择内置的数据:航空客户综合信息.csv。

③ 点击"保存"。

(2)配置模型

① 点击"配置模型"。

② 选择聚类变量:入会时长、上一飞行距今、飞行次数、飞行总里程、平均折扣率。

③ 聚类个数范围:1~20。

④ 计算:生成聚类误差随着聚类个数变化的图。

⑤ 利用聚类误差随着聚类个数变化的图,基于手肘法找到最佳聚类个数。

⑥ 最佳聚类个数:2。

⑦ 点击"保存"。

(3)开始建模

① 点击"开始建模"。

② 查看训练结果。

2. Python 实现过程

Python 实现过程如图 6 - 2 所示。

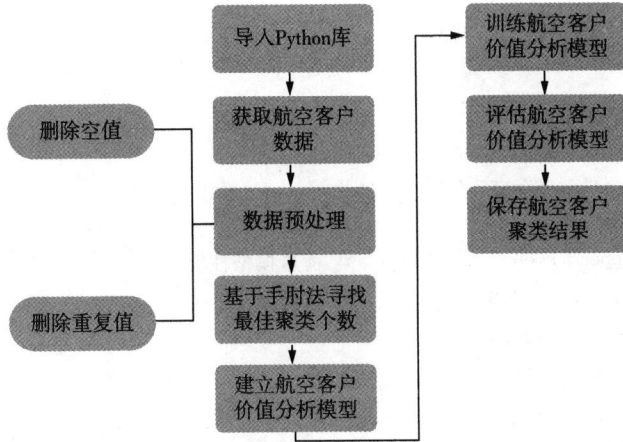

图 6 - 2　Python 实现过程

(1)导入 Python 库

```
# 导入工具包
import numpy as np    # numpy:数据处理库
import pandas as pd    # pandas:数据分析库
from sklearn. cluster import KMeans    # 导入 K 均值聚类算法
from sklearn import preprocessing    # sklearn:机器学习库
from sklearn import metricsimport matplotlib. pyplot as plt    # matplotlib:数据可视化库
import matplotlib as mpl
mpl. rcParams['font. sans - serif'] = ['simhei']    # 中文显示
mpl. rcParams['axes. unicode_minus'] = False    # 负号显示
```

(2)航空客户获取数据

```
# 获取数据
data = pd. read_csv('航空客户综合信息 . csv')
```

(3)数据预处理

```
# 数据存在空值,删除空值
data = data. dropna()
# 删除完全一样的数据,去重
data = data. drop_duplicates()
```

（4）基于手肘法寻找最佳聚类个数

```python
# 手肘法找到最佳聚类个数
# 存储每次聚类的误差平方和
squares_sum = []
# 遍历多个可能的候选簇数量
for n_clusters in range(1,9):
kmeans = KMeans(n_clusters = n_clusters)
kmeans.fit(data)
squares_sum.append(kmeans.inertia_)    # 衡量模型性能
plt.figure(figsize = (10,6))
plt.plot(range(1,len(squares_sum) + 1),squares_sum)
plt.grid(linestyle = ':')
plt.xlabel('聚类个数')
plt.ylabel('SSE')
plt.title('样本到其最近的聚类中心的距离的平方之和')
plt.show()
best_k = input("请输入最佳聚类个数:")
best_k = int(best_k)
```

（5）建立航空客户价值分析模型

```python
# 建立模型
kmodel = KMeans(n_clusters = best_k)
```

（6）训练航空客户价值分析模型

```python
# 训练模型
kmodel.fit(data)
```

（7）评估航空客户价值分析模型

```python
labels = kmodel.labels_
# 模型评估
# 平均轮廓系数  越大越好
silhouette_value = metrics.silhouette_score(data,labels)
print('平均轮廓系数(越大越好):',silhouette_value)
# DBI 指数   越小越好
```

```
DBI_value = metrics.davies_bouldin_score(data,labels)
print('DBI 指数(越小越好):',DBI_value)
```

(8)保存航空客户聚类结果

```
data['标签'] = labels
data.to_csv('基于 K-means 实现航空公司客户价值分析/聚类结果 .csv',index = False,
encoding = 'utf - 8 - sig')
```

6.1.3　项目总结

根据"上一飞行距今""飞行次数""飞行总里程""平均折扣率""入会时长"5 个维度将客户分为两组,一组是重要客户,另一组是一般和低价值客户。

簇 1:重要客户。入会时长较长,"上一次飞行距今"(最近乘坐航班)时间短,"飞行次数""飞行总里程"及"入会时长"较高,应将资源优先投放到这类客户身上,进行差异化管理,提高此类客户的忠诚度和满意度。

簇 2:一般和低价值客户。入会时长较长,"上一次飞行距今"最高,其他属性都低。这类客户可能在打折促销时才会选择消费。

注意:每次聚类结果可能会不一样,是因为聚类最开始的簇中心点是随机给出的。

6.2　基于 K-means 对商场客户进行聚类

6.2.1　项目介绍

1. 项目背景

商场为了给消费者提供更好的购物体验,要对客户进行细分,以便为营销团队进一步制定决策提供依据。

2. 项目目标

(1)利用 K-means 算法,根据"年龄""年收入""消费积分"对客户进行聚类。

(2)熟悉项目实现的过程。

3. 项目实现方式

(1)数据挖掘工具。

(2)Python 语言。

6.2.2　项目实现过程

1. 数据挖掘工具实现过程

(1)选择数据源

点击"选择数据源",在选择数据源框中点击向下的箭头,选择内置数据表;点击"保存"。

也可以点击上传数据,将数据进行上传,这里数据支持的文件格式有 .xls,.xlsx,.txt,.csv,单个文件不能超过 10M。点击"保存"。

（2）配置模型

点击"配置模型",在模型库中选择聚类分析模型中的 K-means,弹出 K-means 参数设置框。

聚类变量:选择聚类变量,设为变量,点击"确认"。

聚类个数范围:填写默认给出的 1~20 即可。点击"计算",查看结果。

最佳聚类个数:根据上一步查看结果和手肘法,找出最佳聚类个数。点击"保存"。

（3）开始建模

（4）查看聚类结果

支持将聚类结果下载到本地。

2. Python 实现过程

（1）导入 Python 库文件

（2）获取数据

利用 Pandas 的 read_csv 方法获取数据。

（3）数据预处理

① 删除含有空值数据的记录。

② 删除重复的记录,保留第一条记录。

③ 数据标准化。

（4）利用手肘法找到最佳聚类个数

① 初始化变量:存储每次聚类的误差平方和。

② 计算聚类个数从 1 到 9 的聚类误差平方和。

③ 可视化聚类误差与聚类个数之间的关系。

④ 根据手肘法找到聚类最佳个数。

（5）建立模型

调用 Sklearn 的 K-means 算法建立模型,并传入根据手肘法找到的最佳聚类个数。

（6）训练模型

利用数据训练模型。

（7）评估模型

① 调用 Sklearn 的 silhouette_score 方法,计算平均轮廓系数,平均轮廓系数越大越好。

② 调用 Sklearn 的 davies_bouldin_score 方法,计算 DBI 指数。DBI 指数越小越好。

（8）保存结果

获得模型聚类结果标签,调用 Pandas 的 to_csv 方法,保存聚类结果。

第7章 回归-线性回归算法

✎ 学习目标

● 了解回归的概念。

● 掌握算法原理——梯度下降法、线性回归。

● 熟练运用基于线性回归方法实现公司产品价格影响因素的分析。

7.1 回归概述

7.1.1 回归绪论

从生物科学、行为科学、环境科学、社会科学到商业科学,回归分析已广泛应用于所有领域,回归模型已经成为科学可靠地预测未来的一种行之有效的方法,其能使用数据更好地管理现实而不是依靠经验和直觉。

(1)预测分析:预测未来事件是回归分析最广泛的应用。例如,预测销售量或制定增长计划等。

(2)新见解:回归分析可以帮助分析者找到不同变量之间的关系以发现模式。例如,通过回归分析查看数据可能会发现一周中某些天的销售额出现高峰,而其他天数则下降。管理者可以据此进行调整,确保在那几天保持库存,提供额外的帮助,甚至确保那几天里最好的销售或服务人员都在工作。

(3)支持决策:许多公司及其高层管理人员都在使用回归分析(及其他类型的数据分析)来做出明智的业务决策,并消除猜测。

(4)纠正错误:回归分析可帮助整个企业识别并纠正错误。例如,一家零售商店的经理认为延长购物时间将增加销售额,而回归分析可能表明,适度的销售增长可能不足以抵消人工成本和运营费用的增加。

(5)业务优化:回归分析的目的是将收集的数据转化为可行的决策,公司再采用这些决策消除过时技术或假设,从而提高组织的工作效率。

7.1.2 回归应用

(1)财务

财务分析与预测是根据财务活动的历史资料,考虑现实的要求和条件,对企业未来的财务活动和财务成果做出科学的预计和测算。例如,利用回归分析方法对公司的财务报表中利润的构成进行分析与预测,以辅助企业所有者进行财务管理与工作。

(2)房地产

以房地产价格、人均可支配收入、国内生产总值和城市化等为着手点对影响房地产需求的因素进行分析,可帮助管理者进行科学决策。例如,通过分析各价格影响因素与估价对象价格形成之间的关系,建立回归价格模型,得出房地产评估价值。

(3)医学

回归分析在医学研究中得到了越来越广泛的应用。例如,当因变量为生存时间(如肿瘤患者术后生存时间、心脏支架患者血运重建时间等变量)时,探讨影响因素与患者生存时间的关系。

(4)气象灾害

基于多元线性回归算法的气象灾害预测首先根据历史数据确定待预测区域特定时期的主要气象灾害,然后分别建立各种主要气象灾害与气象因子的映射关系方程式,最后在各种气象灾害与气象因子的映射关系方程式中代入预测的气象因子参数值,得出相应气象灾害发生的概率值。例如,台风预警、暴雨暴雪预测等。

(5)人力资源

人力资源为企业目标服务,企业需要根据未来的发展计划,利用回归分析制定合理的人力资源需求方案,如裁员方案、招聘方案等。

(6)市场营销

市场营销管理过程就是企业为实现其任务和目标而发现、分析、选择和利用市场机会的管理过程。回归分析结合企业面临的环境与市场分析、目标市场的确定及定位、营销活动与营销决策、营销组织与控制等内容对市场进行准确、科学的分析和预测。例如,通过回归分析明确影响该企业年销售量的主要因素。

7.1.3 回归的概念

1. 回归分析的概念

回归分析是一种预测性的建模技术,它研究的是因变量(x)和自变量(y)之间的关系。自变量(x)为输入解释的变量,如房屋面积、地段位置、国家政策、新增用户数、留存用户数等;因变量(y)为输出被解释的变量,如房价、DAU、MAU 等。回归分析通常用于预测分析时间序列模型及发现变量之间的因果关系。简单来说,回归分析就是从已有数据和结果中获取规律,并对其他数据进行预测。例如,可以根据房屋面积、地段、装修等因素对楼房价格进行预测,而其预测结果有无限种可能,可能是 10000 元/m^2,也能是 10001.1 元/m^2,并且预测结果是连续值。

2. 回归分析的分类

回归分析是一种统计分析方法,它旨在确定两种或两种以上变量之间的相互依赖关系。根据角度的不同,回归分析可以分为以下几种类型。

(1)按涉及的自变量的多少可分为一元回归分析和多元回归分析。

(2)按自变量和因变量之间的关系类型,可分为线性回归分析和非线性回归分析。非线性是指自变量的指数是不等于 1 的数,如 x^2。

3. 损失函数

损失函数用来评价模型的预测值和真实值不一样的程度,损失函数越好,通常模型的性能就越好。不同的模型用的损失函数一般也不一样。

损失函数在机器学习中发挥着重要作用,是机器学习算法的核心。损失函数接受两项输入,即模型的输出值和真实值。损失函数的输出称为损失,它衡量模型在预测结果方面的表现。较高的损失值意味着模型表现非常差;较低的损失值意味着模型表现非常好。

7.1.4　回归的评价指标

1. 回归的评级指标——均方误差

均方误差(MSE)(又称二次损失或 L^2 损失)是最常用的回归损失函数。其含义是预测数据和原始数据对应点误差的平方和的均值。均方误差公式见式(7-1)。

$$MSE = \frac{\sum_{i=1}^{n}(y_i - y\frac{p}{i})^2}{n} \qquad 式(7-1)$$

其中,y_i:目标值(真实值);

$y\frac{p}{i}$:预测值,其范围是$(0 \sim +\infty)$。

MSE 越接近于 0,说明模型选择和拟合越好,数据预测效果越佳。

2. 回归的评级指标——R^2 系数

R^2 系数也称为决定系数或拟合优度。R^2 系数反映了 y 的波动有多少百分比能被 x 的波动所描述,并以此来判断统计模型的解释力。例如,房屋价格与房屋面积的决定系数 $R^2 = 0.8$,即房屋价格约有 80% 可由房屋面积来说明或决定。R^2 结果一般位于 $0 \sim 1$,R^2 越大(接近于 1),所拟合的回归方程就越优。如果 R^2 系数小于 0.8,这通常意味着模型的解释能力较差,可能需要考虑增加更多的特征或其他改进措施。R^2 系数的公式见式(7-2)。

$$R^2 = SSR/SST = 1 - SSE/SST$$

$$SST = SSR + SSE \qquad 式(7-2)$$

其中,SST(total sum of squares):总平方和;

SSR(regression sum of squares):回归平方和,也就是因变量的回归值(直线上的 Y 值)与其均值(给定点的 Y 值平均)的差的平方和;

SSE(error sum of squares):残差平方和,也就是因变量的各实际观测值(给定点的 Y 值)与回归值(回归直线上的 Y 值)的差的平方和。

(1)房价与房屋面积的关系(一)

如图 7-1 所示。其中,虚线表示三个点的均值,即 330;实线表示回归直线。每个点在回归直线上的值与均值的差已经给出,则回归平方和:

$$SSR = 22^2 + 20^2 + 90^2$$

（2）房价与房屋面积的关系（二）

如图 7-2 所示，其中实线是回归直线，每个点与回归直线的残差已经给出，则每个点与模型的残差平方和为：

$$SSR = 90^2 + 85^2 + 80^2$$

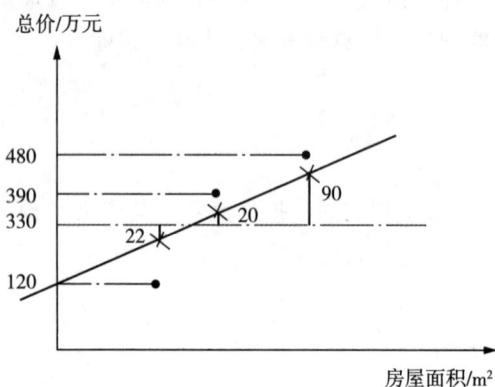

图 7-1 房价与房屋面积的关系（一）

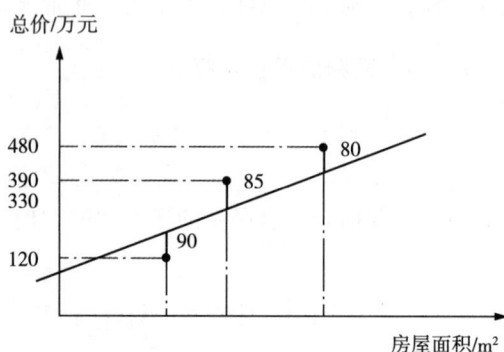

图 7-2 房价与房屋面积的关系（二）

7.1.5 回归流程

回归流程如图 7-3 所示。

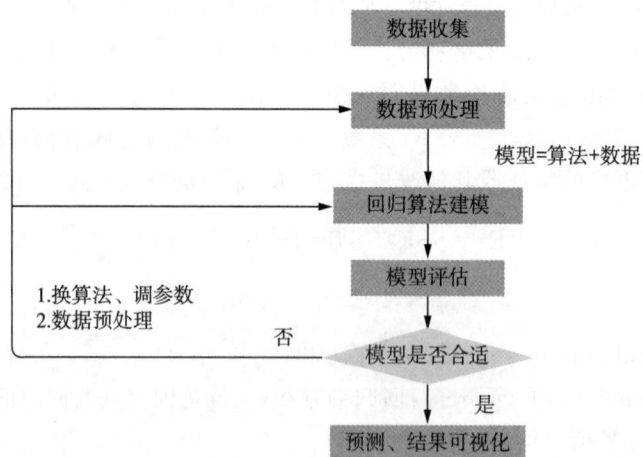

图 7-3 回归流程

数据收集：根据场景解析，收集所需的数据。

数据预处理：数据预处理主要包括数据筛选、数据变量转换、缺失值处理、坏数据处理、数据标准化、主成分分析、属性选择、数据规约等。

回归算法建模：根据数据选择相应算法构建模型。

模型评估：如果模型没有合格，就调参数、换算法，或者再重新进行数据预处理，如果合适就进行下一步操作。

预测、结果可视化：利用合格的模型预测数据，通过可视化可以更加直观地解释结果。

7.1.6　回归的算法

常见的回归算法种类如图 7-4 所示。

图 7-4　常见的回归算法种类

7.2　梯度下降法、线性回归

本节介绍了梯度下降法，以及线性回归的概念、分类、求解模型过程。

7.2.1　梯度下降法

1. 梯度下降法概述

假设我们在一座山上，需要以最快的速度赶往最低的那个山谷，但是我们不知道附近的地形，不知道路线，更不知道海拔最低的山谷在哪里。于是决定走一步算一步，也就是每次沿着当前位置最陡峭最易下山的方向前进一小步，然后继续沿下一个位置最陡的方向前进一小步。这样一步一步走下去，直到山脚。可利用梯度下降算法对该下山问题进行求解。

2. 梯度下降法相关概念

（1）导数

定义：设函数 $y=f(x)$ 在点 x_0 的某个邻域内有定义，当自变量 x 在 x_0 处有增量 Δx，$(x_0+\Delta x)$ 也在该邻域内时，相应地函数取得增量 $\Delta y=f(x_0+\Delta x)-f(x_0)$；如果当 $\Delta x \to 0$ 时，Δy 与 Δx 之比存在极限，则称函数 $y=f(x)$ 在点 x_0 处可导，并称这个极限为函数 $y=f(x)$ 在点 x_0 处的导数。导数公式见式（7-3）。

$$f'(x)=\lim_{\Delta x \to 0}\frac{\Delta y}{\Delta x}=\lim_{\Delta x \to 0}\frac{f(x_0+\Delta x)-f(x_0)}{\Delta x} \qquad \text{式（7-3）}$$

几何意义：函数 $f(x)$ 在 $x=x_0$ 处的导数表示在这一点上的切线斜率，换句话说，函数 $f(x)$ 在 x_0 处的导数代表着 $f(x)$ 在 $x=x_0$ 附近的变化率，也就是在 x_0 附近时 $f(x)$ 随 x 变化的快慢。$|f'(x)|$ 越大，$f(x)$ 随 x 变化得越快，函数在图像上表现得越陡峭。

（2）方向导数

从一元函数扩展到多元方程时，情况就变得有些复杂了。首先，多元函数代表的函数图像不再是一条曲线，而是一个曲面（超曲面），通过曲面上的某一点，可以作无数条切线，这就引出了方向导数的概念。顾名思义，方向导数就是某个方向上的导数。方向导数是沿着任意指定方向的变化率，不一定沿着坐标轴。函数 $z=f(x,y)$ 在点 $M_0(x_0,y_0)$ 处，沿方向 $\vec{l}=\cos\alpha+\cos\beta$ 的方向导数为 $z=f(x,y)=\{\cos\alpha,\cos\beta\}$ 的方向导数，即：

$$\frac{\partial f}{\partial \vec{l}}=\lim_{\rho\to 0}\frac{f(x_0+\rho\cos\alpha,y_0+\rho\cos\beta)-f(x_0,y_0)}{\rho},(\rho>0) \qquad \text{式（7 - 4）}$$

式中，α 为与 x 轴的夹角；

β 为与 y 轴的夹角；

$\vec{l}$ 为单位向量。

即，$\dfrac{\partial f}{\partial \vec{l}}$ 是曲面 $z=f(x,y)$ 在点 $M_0(x_0,y_0)$ 处，沿 $\vec{l}$ 方向的倾斜程度（坡度）。

（3）偏导数

在一元函数中，导数就是函数的变化率。对于二元函数的"变化率"，由于自变量多了一个，情况就要复杂得多。存在多个自变量（如 x,y,z）时，针对某一个变量进行求导，其他变量统统视为常数得到的结果。偏导数反映的是函数沿坐标轴方向的变化率。

（4）梯度

梯度的提出只为回答一个问题：函数在变量空间的某一点处，沿着哪一个方向有最大的变化率？

梯度定义：函数在某一点的梯度是这样一个向量，它的方向与取得最大方向导数的方向一致，而它的模为方向导数的最大值，即：

$$\mathrm{Grad}f(x_1,x_2,\cdots,x_n)=\left(\frac{\partial f}{\partial x_0},\cdots,\frac{\partial f}{\partial x_j},\cdots,\frac{\partial f}{\partial x_n}\right) \qquad \text{式（7 - 5）}$$

需要注意的是：

① 梯度是一个向量，即有方向有大小；

② 梯度的方向是最大方向导数的方向；

③ 梯度的值是最大方向导数的值。

梯度的方向是函数在给定点上升最快的方向，那么，梯度的反方向就是函数在给定点下降最快的方向。所以，我们只要沿着梯度的方向一直走，就能走到局部的最低点。

3. 梯度下降法数学描述

（1）先决条件：确认优化模型的假设函数和损失函数

假设函数：
$$f(x)=\theta_0+\theta_1 x \qquad \text{式（7 - 6）}$$

损失函数：
$$J(\theta_0,\theta_1)=\frac{1}{2m}\sum_{i=1}^{m}(\theta_0+\theta_1 x_i-y_i)^2 \qquad \text{式（7 - 7）}$$

式中，θ_0,θ_1：未知；

x_i, y_i:已知;

m:表示样本的数量;

y_i:真实值;

$\theta_0 + \theta_1 x_i$:预测值;

目的:求出参数 θ_0, θ_1。

(2)算法相关参数初始化

算法相关参数初始化主要是初始化 θ_0、θ_1、步长 β,算法终止条件为梯度下降距离小于 ε 停止或者设置一个大概的迭代步数,如 1000 或 500,达到迭代次数,迭代结束。

(3)算法过程

① 确定当前位置的损失函数的梯度:$\frac{\partial}{\partial \theta_i} J(\theta_0, \theta_1)$。

② 用步长 β 乘以损失函数的梯度,得到当前位置的下降距离,即 $|\beta \frac{\partial}{\partial \theta_i} J(\theta_0, \theta_1)|$,对应于前面登山例子中的某一步。

③ 确定是否所有的 θ_i,梯度下降的距离都小于 ε,如果小于 ε 则算法终止,当前所有的 θ_i($i=0,1$)即最终结果,否则进入过程步骤④。

④ 更新所有的 $\theta_i = \theta_i - \beta \frac{\partial}{\partial \theta_i} J(\theta_0, \theta_1)$,对于 θ_i,更新完毕后继续转入过程步骤①。

7.2.2　线性回归

1. 线性回归绪论

(1)线性回归是应用最广泛的统计技术。

(2)线性回归是回归的最简单形式,容易理解。

(3)线性回归可解释性强,对于非技术人员只需稍作说明就可以理解参数系数。

(4)线性关系(即线)更易于使用,并且大多数现象自然是线性相关的。

(5)线线回归建模速度快,不需要很复杂的计算,在数据量大的情况下运行速度依然很快。

2. 线性回归的概念及分类

(1)线性回归的概念

线性回归是一种利用数理统计中的回归分析来确定两种或两种以上变量间相互依赖的定量关系的方法。在几何意义上,回归就是找到一条具有代表性的直线或曲线(在高维空间的超平面)来拟合输入数据点和输出数据点。线性回归自变量(x)的指数为 1,因变量(y)为连续值。

(2)线性回归的分类

线性回归根据自变量的数量可分为一元线性回归和多元线性回归。一元线性回归只有一个自变量;多元线性回归有两个或两个以上的自变量。

① 一元线性回归

一元线性回归是只包括一个自变量和一个因变量,且二者的关系可用一条直线近似表示。一元线性回归方程如图 7-5 所示。

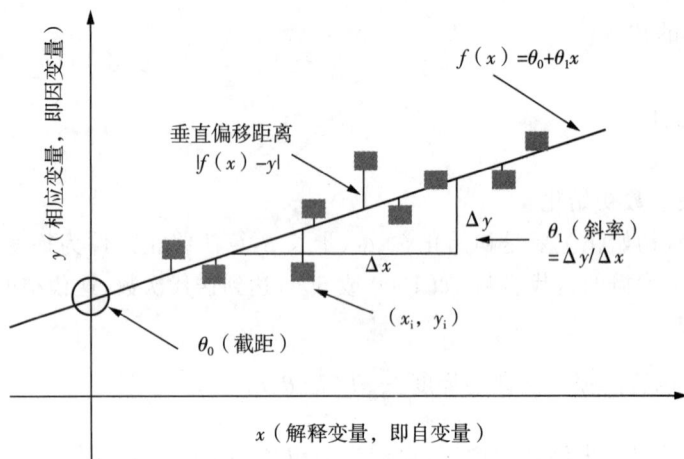

图 7-5　一元线性回归方程

假设一元线性回归方程：

$$f(x) = \theta_0 + \theta_1 x \qquad\qquad 式(7-8)$$

式中，θ_0：偏置参数，也叫回归常数，即对应图形中直线的截距；

θ_1：权重，也叫回归系数，即对应图形中直线的斜率；

$f(x)$：预测值；

x：真实值。

目标：求出参数 θ_0 和 θ_1。

② 多元线性回归

回归分析中，含有两个或者两个以上自变量，称为多元回归，若自变量指数为 1，则此回归为多元线性回归。

其形式：

$$f(x) = \theta_0 + \theta_1 x_1 + \theta_2 x_2 + \cdots + \theta_n x_n \qquad\qquad 式(7-9)$$

式中，n：特征数；

θ_n：权重或者回归系数。

由式(7-9)可以理解：各个特征和预测值之间是简单的加权求和关系。

3. 线性回归求解模型过程

(1) 模型表示

以多元线性回归为例，假设模型为式(7-9)。

(2) 模型评估

模型的好坏最直观的定义就是预测值和真实值之间的差距，这里选择均方误差，即模型的损失函数见式(7-10)：

$$L(\theta_0, \theta_1, \theta_2) = \frac{1}{2m} \sum_{i=1}^{m} (\theta_0 + \theta_1 x_1^i + \theta_2 x_2^i + \theta_3 x_3^i - y^i)^2 \qquad\qquad 式(7-10)$$

式中，$\theta_0, \theta_1, \theta_2$：未知；

m：样本的数量；

x 的上标：第 i 个样本；

x 的下标：第 i 个样本第 n 个特征，如 x_2^1 表示第 1 个样本的第 2 个特征；

y^i：真实值；

此处多了 1/2，只为方便后面的求导，不影响模型的结果。

（3）模型学习

模型学习的目标就是学习到一个模型，使得代价函数的值最小，则目标函数见式（7-11）。

$$\theta' = arg \min_\theta L(\theta_0 \theta_1 \cdots \theta_n)$$

$$= arg \min_\theta \frac{1}{2m} \sum_{i=1}^{m} (\theta_0 + \theta_1 x_1^i + \theta_2 x_2^i + \theta_3 x_3^i - y^i)^2 \qquad 式（7-11）$$

（4）求模型参数

① 根据特征维度随机初始化一组参数 $(\theta_0, \theta_1, \cdots, \theta_n)$；

② 根据该参数计算所有样本的预测值 $f(x)$；

③ 根据梯度下降法更新权重参数；

④ 重复执行步骤②和步骤③，直到权重参数收敛或者达到一定的迭代次数。

7.3　基于线性回归实现公司产品价格影响因素分析

7.3.1　基于线性回归实现公司产品价格影响因素分析

1. 案例描述

某公司 2019 年的铁精粉销售价格数据见表 7-1 所列。根据表格的数据建立公司销售价格与国内市场价格、下游钢材产量和下游钢材价格之间的关系，并分析影响公司销售价格的因素。

表 7-1　某公司 2019 年的铁精粉销售价格数据

日　期	国内市场价格 （元/吨）	下游钢材产量 （吨）	下游钢材价格 （元/吨）	公司销售价格 （元/吨）
2019/01	575.00	8291.60	3398.00	614.93
2019/02	575.00	8291.60	3696.00	605.70
2019/03	605.00	6977.60	3756.00	594.18
2019/04	582.50	6845.00	3760.00	608.79
2019/05	605.00	7078.70	3760.00	646.57

日　期	国内市场价格 （元/吨）	下游钢材产量 （吨）	下游钢材价格 （元/吨）	公司销售价格 （元/吨）
2019/06	635.00	7313.40	3740.00	697.25
2019/07	675.00	7399.60	4070.00	746.97
2019/08	745.00	7429.60	3888.00	655.96
2019/09	680.00	7737.10	3341.00	656.50

2. 案例实现过程

（1）模型表示

影响公司销售价格的因素有 3 个，所以自变量就是 3 个。随机初始化参数，令 $\theta_0 = 1$，$\theta_1 = 1$，$\theta_2 = 1$，$\theta_3 = 1$。

模型：$f(x) = 1 + x_1 + x_2 + x_3$

（2）模型评估

模型的好坏最直观的定义就是预测值和真实值之间的差距，这里选择均方误差，即模型的代价函数如式（7-10）所示。

① 下山思路

目的：假设我们在一座山上，需要以最快的速度赶往最低的那个山谷。

过程：我们可以通过视觉或者其他外部感官来感知东南西北不同方向的坡度，然后选择最陡的方向，并沿着此方向向下走。

结果：走到最低山谷。

② 梯度下降法思路

目的：找到函数的最小值。

过程：对应到函数中，就是找到给定点的梯度，然后朝着梯度相反的方向，就能让函数值下降得最快，因为梯度的方向就是函数值变化最快的方向。重复利用这个方法，反复求取梯度，选择朝梯度相反的方向计算。

结果：计算函数的最小值。

（3）模型学习

根据梯度下降法求解参数，其式见式（7-12）、式（7-13）、式（7-14）和式（7-15）：

$$\theta_0 = \theta_0 - \beta \frac{1}{m} \sum_{i=1}^{m} f_\theta(x^i - y^i) x_0^i \qquad \text{式（7-12）}$$

$$\theta_1 = \theta_1 - \beta \frac{1}{m} \sum_{i=1}^{m} f_\theta(x^i - y^i) x_1^i \qquad \text{式（7-13）}$$

$$\theta_2 = \theta_2 - \beta \frac{1}{m} \sum_{i=1}^{m} f_\theta(x^i - y^i) x_2^i \qquad \text{式（7-14）}$$

$$\theta_3 = \theta_3 - \beta \frac{1}{m} \sum_{i=1}^{m} f_\theta(x^i - y^i) x_3^i \qquad \text{式（7-15）}$$

根据梯度下降法公式计算预测值与真实值的差值,某公司 2019 年的铁精粉销售价预测值-真实值见表 7 - 2 所列。

表 7 - 2　某公司 2019 年的铁精粉销售价预测值-真实值

日　期	国内市场价格（元/吨）	下游钢材产量（吨）	下游钢材价格（元/吨）	公司销售价格（元/吨）	预测值（元/吨）	预测值-真实值（元/吨）
2019/01	575.00	8291.60	3398.00	614.93	12265.6	11650.67
2019/02	575.00	8291.60	3696.00	605.70	12563.6	11957.90
2019/03	605.00	6977.60	3756.00	594.18	11339.6	10745.42
2019/04	582.50	6845.00	3760.00	608.79	11188.5	10579.71
2019/05	605.00	7078.70	3760.00	646.57	11444.7	10798.13
2019/06	635.00	7313.40	3740.00	697.25	11689.4	10992.15
2019/07	675.00	7399.60	4070.00	746.97	12145.6	11398.63
2019/08	745.00	7429.60	3888.00	655.96	12063.6	11407.64
2019/09	680.00	7737.10	3341.00	656.50	11759.10	11102.60

这里取 $\beta=1$,更新权重参数。

$$\theta_0' = 1 - \frac{1}{9}(11650.67 + 11957.90 + 10745.42 + 10579.71 + 10798.13 + 10992.15$$
$$+ 11398.63 + 11407.64 + 11102.60)$$
$$= 1 - 11181.40$$
$$= -11180.40$$

$$\theta_1' = 1 - \frac{1}{9}(11650.67 \times 575.00 + 11957.90 \times 575.00 + 10745.42 \times 605.00 + 10579.71$$
$$\times 582.50 + 10798.13 \times 605.00 + 10992.15 \times 635.00 + 11398.63$$
$$\times 675.00 + 11407.64 \times 745.00 + 11102.60 \times 680.00)$$
$$= 1 - 7054889.60$$
$$= -7054888.60$$

$$\theta_2' = 1 - \frac{1}{9}(11650.67 \times 8291.60 + 11957.90 \times 8291.60 + 10745.42 \times 6977.60$$
$$+ 10579.71 \times 6845.00 + 10798.13 \times 7078.70 + 10992.15 \times 7313.40$$
$$+ 11398.63 \times 7399.60 + 11407.64 \times 7429.60 + 11102.60 \times 7737.10)$$
$$= 1 - 83886257.80$$

$$= -83886256.80$$

$$\theta_3' = 1 - \frac{1}{9}(11650.67 \times 3398.00 + 11957.90 \times 3696.00 + 10745.42 \times 3756.00$$

$$+ 10579.71 \times 3760.00 + 10798.13 \times 3760.00 + 10992.15 \times 3740.00 + 11398.63$$

$$\times 4070.00 + 11407.64 \times 3888.00 + 11102.60 \times 3341.00)$$

$$= 1 - 41497289.60$$

$$= -41497288.60$$

更新参数后,模型: $f(x) = -11180.40 - 7054888.6x_1 - 83886256.8x_2 - 41497288.6x_3$

(4)确定参数

重复(3),不断更新参数,直到达成结束条件(代价函数值小于某个值,比如 0.001,或者达到迭代次数,比如 100 次)。最终 $\theta_0 = 556.3$,$\theta_1 = 0.32$,$\theta_2 = 0.0016$,$\theta_3 = -0.03$,最终模型: $f(x) = 556.3 + 0.32x_1 - 0.0016x_2 - 0.03x_3$。

第8章 基于线性回归预测公司产品下期市场价格

✏️ 学习目标

● 掌握基于线性回归预测公司产品下期市场价格。
● 理解基于线性回归预测空调销售量的方法。

8.1 基于线性回归预测下期市场价格

本节通过阅读项目案例,归纳该项目的实现过程。了解本案例的项目要求及操作过程。

8.1.1 项目介绍

1. 项目背景

价格是竞争的重要手段,通常也是影响交易成败的重要因素,同时又是最难确定的因素,所以有必要分析影响价格的因素,进而确定价格。

本项目主要研究某铁精粉销售价格定价的问题。如果仅凭经验做决定,经常会出现较大误差,所以我们要在分析数据的基础上,基于线性回归技术预测合理的价格。

2. 项目数据

数据维度:国内市场价格,下游钢材产量,下游钢材价格,公司销售价格。

数据大小:58 行×4 列。

字段在模型中的角色见表 8-1 所列。

表 8-1 字段在模型中的角色

字　段	在模型中的角色
国内市场价格	自变量,输入
下游钢材产量	自变量,输入
下游钢材价格	自变量,输入
公司销售价格	因变量,输出

3. 项目目标

(1)基于国内市场价格、下游钢材产量、下游钢材价格、公司销售价格,利用线性回归建立价格预测模型。

（2）熟悉项目实现的过程。

4. 项目实现方式

（1）数据挖掘工具。

（2）Python 语言实现。

5. 项目框架

项目框架如图 8-1 所示。

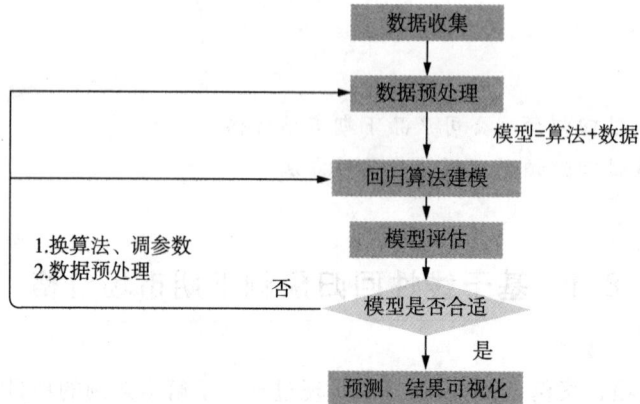

图 8-1　项目框架

8.1.2　项目实现过程

1. 项目之数据挖掘工具项目实现过程

（1）选择数据源

① 点击"选择数据源"。

② 选择内置的数据：价格.csv。

③ 点击"保存"。

（2）配置模型

① 点击"配置模型"。

② 线性回归。

③ 选择自变量：国内市场价格、下游钢材产量、下游钢材价格。

④ 因变量：公司销售价格。

⑤ 测试集比例：0.25。

⑥ 点击"保存"。

（3）开始建模

① 开始建模。

② 查看训练结果。

（4）选择预测数据

① 选择预测数据。

② 选择内置数据：价格预测数据下期因素数据.csv。

③ 点击"保存"。

(5)开始预测

① 点击"开始预测"。

② 查看预测结果。

2. 项目之 Python 实现过程

Python 代码实现过程如图 8-2 所示。

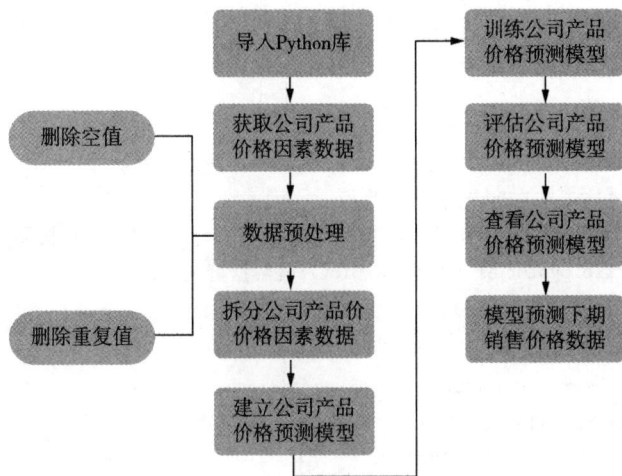

图 8-2　Python 代码实现过程

(1)导入 Python 库

(2)获取公司产品价格因素数据

利用 pandas 的 read_csv 获取价格因素相关数据。

(3)数据预处理

(4)拆分公司产品价格因素数据

这里自变量有 3 个：国内市场价格、下游钢材产量、下游钢材价格；因变量 1 个：公司销售价格。

① 利用 sklearn 的 train_test_split 将自变量的数据分为训练集与测试集,训练集：测试集＝7：3。

② 将因变量的数据分为训练集与测试集,训练集：测试集＝7：3。

(5)建立公司产品价格预测模型

利用 sklearn 的 Linear Regression 建立模型。

(6)训练公司产品价格预测模型

利用拆分后的训练集数据训练模型。

(7)评估公司产品价格预测模型

① 利用模型预测测试集的结果。

② 利用 Sklearn 的 Mean_Squared_Error 方法计算测试集结果与测试集真实数据的均方误差。

③ 利用 R2_score 方法计算测试集结果与测试集真实数据的均方误差。

④ 可视化测试集的真实数据与模型预测的测试集数据。

(8)查看公司产品价格预测模型

① 输出模型的权重,截距;

② 输出模型方程。

(9)模型预测下期销售价格数据

① 获取下期因素数据。

② 模型预测下期价格数据。

③ 保存预测结果。

3. 参考代码

(1)导入 Python 库

```
import pandas as pd  # pandas:数据分析库

from sklearn.model_selection import train_test_split   # sklearn:机器学习库

import matplotlib.pyplot as plt  # matplotlib:数据可视化库

import seaborn as sns   # Seaborn 其实是在 matplotlib 的基础上进行了更高级的 API 封装,
从而使得作图更加容易。

from sklearn.linear_model import LinearRegression

from sklearn import metrics

import warnings   # 忽略警告信息

warnings.filterwarnings('ignore')

plt.rcParams['font.sans-serif'] = ['simhei']
```

(2)获取公司产品价格因素数据

```
file_name='基于线性回归预测公司产品下期市场价格/价格数据.csv'

df = pd.read_csv(file_name)
```

(3)数据预处理

```
# 数据存在空值,删除空值

df = df.dropna()

# 删除完全一样的数据,去重

df.drop_duplicates(inplace=True)   # inplace:是直接在原来数据上修改还是保留一个副本
```

(4)拆分公司产品价格因素数据

```
X = df[['国内市场价格','下游钢材产量','下游钢材价格']]

y = df['公司销售价格']
```

```
#  拆分数据集,一部分作为训练集,一部分作为测试集
X_train,X_test,y_train,y_test = train_test_split(X,y,train_size = 0.7,test_size = 0.3,
random_state = 100)
```

(5)建立公司产品价格预测模型

```
lr = LinearRegression()
```

(6)训练公司产品价格预测模型

```
lr.fit(X_train,y_train)
```

(7)评估公司产品价格预测模型

```
y_pred = lr.predict(X_test)
mse_value = metrics.mean_squared_error(y_test,y_pred)
print('均方误差 MSE:',mse_value)
R2_score_value = metrics.R2_score(y_test,y_pred)
print('决定系数 R2:',R2_score_value)
#  测试集:可视化测试集的真实数据与模型预测的测试集数据
fig,axs = plt.subplots(figsize = (9,3))
plt.plot(range(1,len(y_test) + 1),y_test,'s-',color = 'orangered',label = "真实值",
linewidth = 2)    #  s-:方形
plt.plot(range(1,len(y_test) + 1),y_pred,'o-',color = 'dodgerblue',label = "预测值",
linewidth = 2)    #  o-:圆形
plt.ylabel("价格",fontsize = 16)    #  纵坐标名字
plt.legend(loc = "best")    #  图例
plt.savefig('基于线性回归预测公司产品下期市场价格/模拟值与测试值的关系.png')
plt.show()
```

(8)查看公司产品价格预测模型

```
print('权重参数:',lr.coef_)   #  得到[\beta _{1},\beta _{2},...\beta _{k}]
print('截距:',lr.intercept_)#  \beta _{0},截距,默认有截距
f = str(lr.intercept_) +'+'+ str(lr.coef_[0]) +'* 国内市场价格'+'+'+ str(lr.coef_[1])
+'* 下游钢材产量'+'+'+ str(lr.coef_[2]) +'* 下游钢材价格'
```

```
print('模型:y=',f)
```

(9)模型预测下期销售价格数据

```
# 获取下期因素数据
df_next = pd.read_csv('基于线性回归预测公司产品下期市场价格/价格预测数据下期因素数
据.csv')
# 模型预测下期价格数据
price_next = lr.predict(df_next[['国内市场价格','下游钢材产量','下游钢材价格']].values)
# 保存预测结果
df_next['预测值'] = price_next
df_next.to_csv('基于线性回归预测公司产品下期市场价格/价格预测数据结果.csv',  index
= False,encoding = 'utf - 8 - sig')
```

8.1.3 项目总结

真实值与预测值之间的关系及下期铁精粉价值预测值如图 8-3 所示。该模型效果非常好,可以用来预测下期价格。输入下期价格因素数据,利用模型得出的预测值是605.272332,可以将其作为下期铁精粉定价的参考。值得注意的是,每次运行的结果可能会不一样,这是因为随机选择训练集数据训练模型,导致模型会不一样,但是模型差别不大。

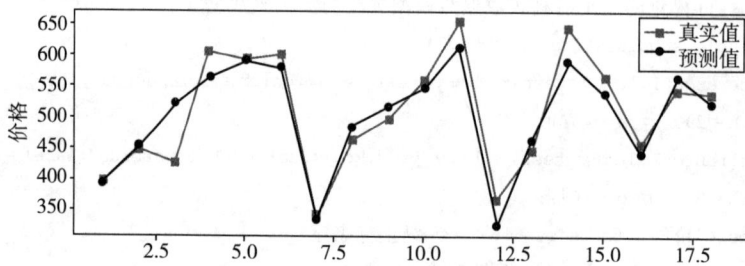

真实值与预测值之间的关系

	日期	国内市场价格	下游钢材产量	下游钢材价格	预测值
0	2019-10-31	655	7804.8	3458	605.272332

图 8-3 真实值与预测值之间的关系及下期铁精粉价格预测值

8.2 预测空调销售量

本节通过阅读本项目案例资料,归纳该项目的实现过程。了解本案例的项目要求及操作过程。

8.2.1　项目介绍

1. 案例背景

分析电视、互联网、收音机和报纸平台投入广告费与空调销售量之间的关系。

2. 任务目标

利用线性回归算法建立电视、互联网、收音机和报纸平台投入广告费与空调销售量的模型，分析广告投入费用与销售量之间的关系。

3. 项目数据

数据维度：电视广告费用（万元），互联网广告费用（万元），收音机广告费用（万元），报纸广告费用（万元），销售量（万台）。

数据大小：181 行×5 列。

字段在模型中的角色见表 8-2 所列。

表 8-2　字段在模型中的角色

字　　段	在模型中的角色
电视广告费用（万元）	自变量，输入
互联网广告费用（万元）	自变量，输入
收音机广告费用（万元）	自变量，输入
报纸广告费用（万元）	自变量，输入
销售量（万台）	因变量，输出

4. 实现方式

(1)数据挖掘工具。

(2)Python 语言。

8.2.2　项目实现过程

1. 项目之数据挖掘工具项目实现过程

(1)选择数据源

① 点击"选择数据源"。

② 选择内置的数据：空调销售量数据.csv。

③ 点击"保存"。

(2)配置模型

① 点击"配置模型"。

② 线性回归。

③ 选择自变量：电视广告费用（万元）、互联网广告费用（万元）、收音机广告费用（万元）、报纸广告费用（万元）。

④ 因变量：销售量（万台）。

⑤ 测试集比例：0.25。

⑥ 点击"保存"。

(3)开始建模

① 开始建模。

② 查看训练结果。

(4)选择预测数据

① 选择预测数据。

② 选择内置数据:空调销售量预测数据.csv。

③ 点击"保存"。

(5)开始预测

① 点击"开始预测"。

② 查看预测结果。

2. 项目之 Python 实现过程

(1)导入 Python 库

(2)获取数据

利用 pandas 的 read_csv 获取空调销售量因素相关数据。

(3)数据预处理

(4)拆分数据集

这里自变量有 4 个:电视广告费用(万元)、互联网广告费用(万元)、收音机广告费用(万元)、报纸广告费用(万元);因变量 1 个:销售量(万台)。

利用 Sklearn 的 Train_Test_Split 将自变量的数据分为训练集与测试集,训练集:测试集＝7：3。

将因变量的数据分为训练集与测试集,训练集:测试集＝7：3。

(5)建立模型

利用 Sklearn 的 Linear Regression 建立模型。

(6)训练模型

利用拆分后的训练集数据训练模型。

(7)评估模型

① 利用模型预测测试集的结果。

② 利用 Sklearn 的 Mean_Squared_Error 方法计算测试集结果与测试集真实数据的均方误差。

③ 利用 R^2-score 方法计算测试集结果与测试集真实数据的均方误差。

④ 可视化测试集的真实数据与模型预测的测试集数据。

(8)查看模型

① 输出模型的权重,截距。

② 输出模型方程。

(9)模型预测

① 获取下期因素数据。

② 模型预测销售量。

③ 保存预测结果。

3. 参考代码

(1)导入 Python 库

```
import numpy as np    # numpy:数据处理库
import pandas as pd  # pandas:数据分析库
from sklearn. model_selection import train_test_split   # sklearn:机器学习库
import matplotlib. pyplot as plt  # matplotlib:数据可视化库
from sklearn. linear_model import LinearRegression
import warnings    # 忽略警告信息
warnings. filterwarnings('ignore')
plt. rcParams['font. sans - serif'] = ['simhei']
from sklearn import metrics
```

(2)获取数据

```
file_name = '空调销售量数据 . csv'
df = pd. read_csv(file_name)
```

(3)数据预处理

常规操作:

① 删除空值;

② 删除重复值。

```
# 数据存在空值,删除空值
df = df. dropna()
# 删除完全一样的数据,去重
df. drop_duplicates(inplace = True)    # inplace:是直接在原来数据上修改还是保留一个
副本
```

(4)拆分数据集

将数据集拆分为训练集和测试集。

① 训练集:用来建立模型。

② 测试集:用来评估模型。

一般训练集和测试集的比例是 7∶3 或者 8∶2。

```
#电视广告费用(万元),互联网广告费用(万元),收音机广告费用(万元),报纸广告费用(万元)
#销售量(万台)
```

```
X = df[['电视广告费用(万元)','互联网广告费用(万元)','收音机广告费用(万元)','报纸广告费
用(万元)']]
y = df['销售量(万台)']
# 拆分数据集,一部分作为训练集,一部分作为测试集
X_train,X_test,y_train,y_test = train_test_split(X,y,train_size = 0.7,test_size = 0.3,
random_state = 100)
```

(5)建立模型

```
lr = LinearRegression()
```

(6)训练模型

```
lr.fit(X_train,y_train)
```

(7)评估模型

① 计算模型预测测试集的结果与测试集真实数据的均方误差。

② 可视化测试集的真实数据与模型预测的测试集数据。

```
y_pred = lr.predict(X_test)
mse_value = np.sqrt(metrics.mean_squared_error(y_test,y_pred))
print('均方误差 MSE:',mse_value)
r2_score_value = metrics.r2_score(y_test,y_pred)
print('决定系数 R2:',r2_score_value)
# 测试集:可视化测试集的真实数据与模型预测的测试集数据
fig,axs = plt.subplots(figsize = (9,3))
plt.plot(range(1,len(y_test) + 1),y_test,'s-',color = 'orangered',label = "真实值",
linewidth = 2)    # s-:方形
plt.plot(range(1,len(y_test) + 1),y_pred,'o-',color = 'dodgerblue',label = "预测值",
linewidth = 2)    # o-:圆形
plt.ylabel("销售量",fontsize = 16)    # 纵坐标名字
plt.legend(loc = "best")    # 图例
plt.savefig('模拟值与测试值的关系.png')
plt.show()
```

(8)输出模型

① 输出模型的权重、截距。

② 输出模型方程。

```
print('权重参数:',lr.coef_)  # 得到[\beta _{1},\beta _{2},...\beta _{k}]
print('截距:',lr.intercept_)# \beta _{0},截距,默认有截距
f = str(lr.intercept_) + ' ' + ' ' + str(lr.coef_[0]) + ' * 电视广告费用(万元)' + ' ' + ' ' + str
(lr.coef_[1]) + ' * 互联网广告费用(万元)' + ' ' + ' ' + str(
    lr.coef_[2]) + ' * 收音机广告费用(万元)' + str(lr.coef_[3]) + ' * 报纸广告费用(万元)'
print('模型:y = ',f)
```

(9)模型预测,并保存预测结果

```
df_next = pd.read_csv('空调销售量预测数据.csv')
# 模型预测销售量
price_next = lr.predict(df_next[['电视广告费用(万元)','互联网广告费用(万元)','收音机广
告费用(万元)','报纸广告费用(万元)']].values)
# 保存预测结果
df_next['预测值'] = price_next
df_next.to_csv('预测数据结果.csv',  index = False,encoding = 'utf - 8 - sig')
```

8.2.5　项目总结

　　测试数据预测结果如图 8-5 所示,模型效果非常好,可以用来预测空调销售台数。输入广告投入因素数据,利用模型得出测试数据预测结果(见表 8-3 所列),可以作为销售情况及库存管理的参考。注意:每次运行的结果可能会不一样,这是因为随机选择训练集数据训练模型,会导致模型不一样,但是模型差别不大。

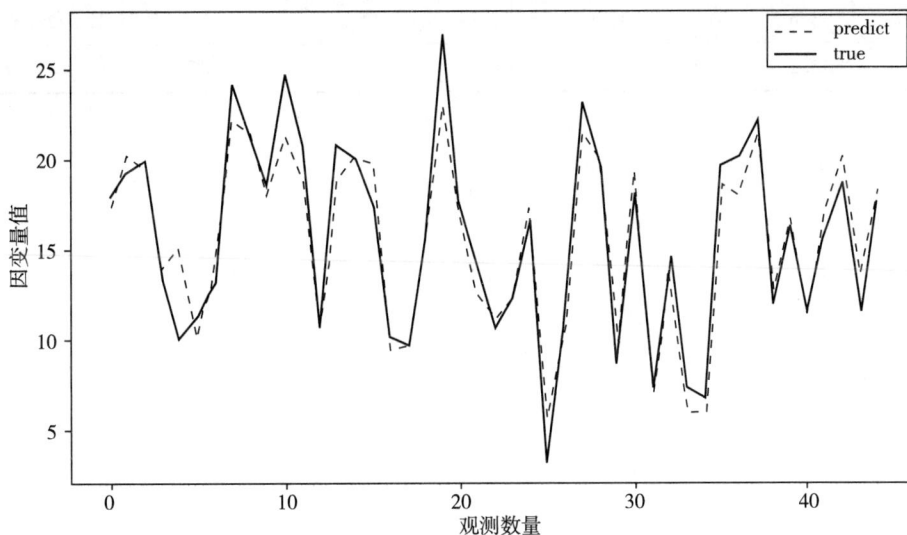

图 8-5　预测值与真实值折线图

表 8 - 3 测试数据预测结果

序号	电视广告费用 （万元）	互联网广告费用 （万元）	收音机广告费用 （万元）	报纸广告费用 （万元）	预测结果 （万台）
0	156.6	56.6	2.6	8.3	15.0774
1	218.5	118.7	5.4	27.4	16.8798
2	56.2	36.5	5.7	29.7	7.9664
3	287.6	187.3	43.0	71.8	22.0571
4	253.8	153.4	21.3	30.0	19.1788
5	205.0	105.0	45.1	19.6	20.0278
6	139.5	56.2	2.1	26.6	13.642
7	191.1	91.9	28.7	18.2	18.1941
8	286.0	86.0	13.9	3.7	25.4559
9	18.7	18.3	12.1	23.4	6.3879
10	39.5	19.5	41.1	5.8	10.6039
11	75.5	35.3	10.8	6	10.0774
12	17.2	10.8	4.1	31.6	6.0558
13	166.8	66.3	42.0	3.6	18.8024
14	149.7	80.3	35.6	6	15.8839
15	38.2	28.9	3.7	13.8	6.6423
16	94.2	54.6	4.9	8.1	9.9808
17	177.0	77.0	9.3	6.4	16.1524
18	283.6	183.6	42.0	66.2	21.8323
19	232.1	132.8	8.6	8.7	17.3873

第9章 时间序列—ARIMA算法

✐ 学习目标
- 了解时间序列。
- 掌握算法原理——ARIMA算法。

9.1 时间序列概述

本节介绍了时间序列的相关概念、算法,使学生能够鉴别时间序列的问题,描述时间序列的基本内容。

9.1.1 时间序列相关概念

1. 时间序列概念

时间序列也叫动态数列,是指把某种现象在不同时间上的各个变量值按时间的先后顺序排列而形成的一种数列。

时间序列由两个要素组成,即时间要素和数据要素。

时间要素:某一现象发生的时间,包括时间单位和时间长短。

数据要素:现象在不同时间上的变量值。时间序列不论其数值大小,每一个数值所在的位置都是由它所处的时间决定的,即数字顺序是按时间的先后顺序排列的。

时间序列的作用为深入揭示现象变化的数量特征;反映现象发展变化的趋势和规律;揭示现象变化的内在原因,为预测和决策提供可靠的数量信息。

2. 正态分布

正态分布(高斯分布),其实就是数据的正常分布,基本上能描述所有常见的事物和现象。例如,正常人群的身高、体重、考试成绩、家庭收入等。这些数据分布都具有中间密集、两边稀疏的特征。以身高为例,服从正态分布意味着大部分人的身高都会在人群的平均身高上下波动,特别矮和特别高的都比较少见。正态分布的公式见式(9-1)。

$$f(x;\mu;\sigma) = \frac{1}{\sigma\sqrt{2\Pi}}\exp(-\frac{(x-\mu)^2}{2\sigma^2}) \qquad 式(9-1)$$

式(9-1)中,μ:均值,决定了分布的位置。

σ^2:方差,决定了分布的幅度,即图形的胖瘦。方差越小,分布越集中在均值旁边,标准差越大,分布就越平坦。

正态分布图如图 9 - 1 所示。

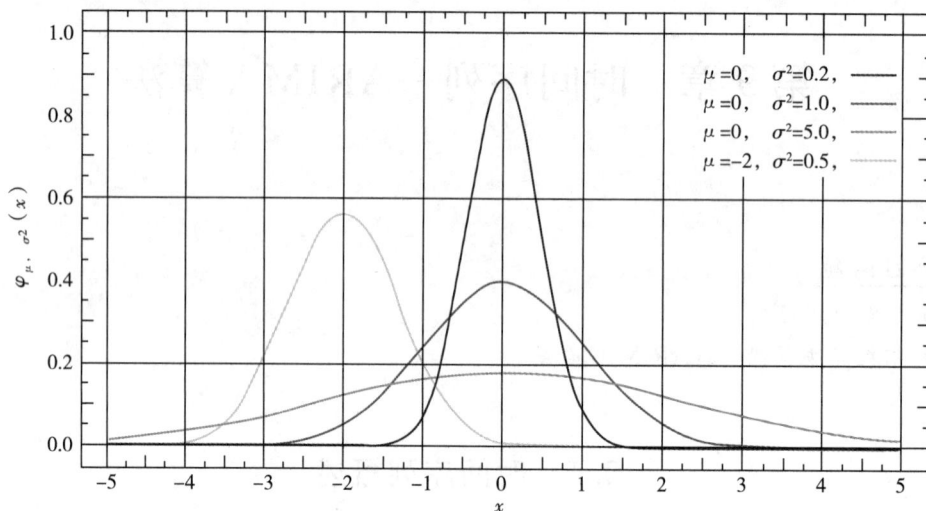

图 9 - 1　正态分布图

3. 滞后

滞后就是将一个时间序列的前期值转化为当前值。

一阶滞后及二阶滞后下的资金注入数据见表 9 - 1 所列,用 20130701 的资金流入数据表示 20130702 的资金流入(一阶滞后),用 20130701 的资金流入数据表示 20130703 的资金流入(二阶滞后)。

表 9 - 1　一阶滞后及二阶滞后下的资金注入数据

日期	资金流入(元)	一阶滞后	二阶滞后
20130701	32488348		
20130702	29037390	32488348	
20130703	27270770	29037390	32488348
20130704	18321185	27270770	29037390
20130705	11648749	18321185	27270770

4. QQ 图

QQ 图是 Quantile - Quantile(分位数-分位数图)的简称,其主要作用是检验一列资料是否符合正态分布,以及检验两列资料是否符合同一分布。

QQ 图的原理为通过把一列样本资料的分位数与已知分布的一列资料的分位数相比较,从而来检验资料的分布情况。所以,QQ 图的两个功能都是比较两列资料的分位数是否分布在 $y=x$ 的直线上。QQ 图就是理论值和实际值的关系图,$x=$ 理论值,$y=$ 实际值。

QQ 图是一种散点图,对应于正态分布的 QQ 图,就是由标准正态分布的分位数为横坐标,样本值为纵坐标的散点图。要利用 QQ 图鉴别样本数据是否近似于正态分布,只需看

QQ 图上的点是否近似地在一条直线附近,图形是直线说明是正态分布。

要弄清 QQ 图的原理,我们需要先了解分位数的概念。

分位数:若概率 $0<p<1$,随机变量 X 或它的概率分布的分位数 Za,是指满足条件 $p(X \leqslant Za)=\alpha$ 的实数。简单地说,分位数指的就是连续分布函数中的一个点,这个点对应概率 p。

9.1.2　时间序列应用

时间序列的应用如图 9-2 所示。

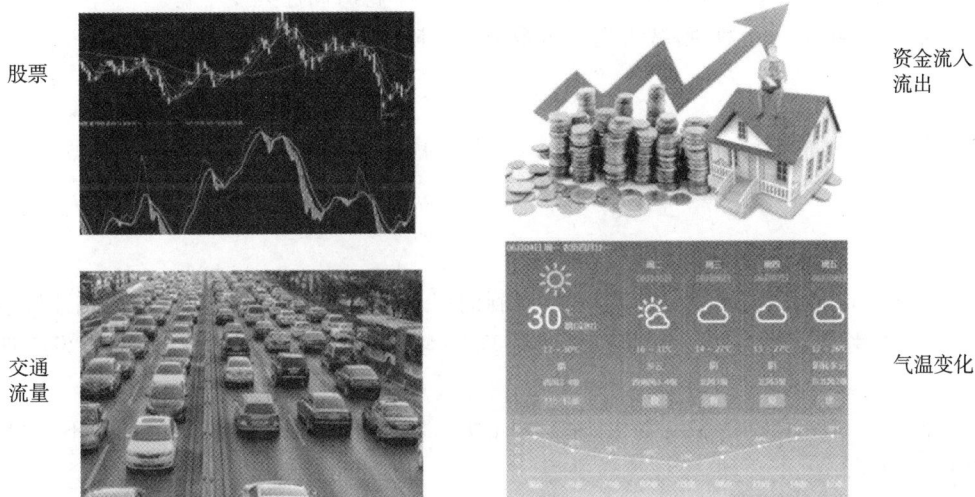

图 9-2　时间序列的应用

9.1.3　时间序列算法

常见的时间序列算法的分类如图 9-3 所示。

图 9-3　常见的时间序列算法

9.2　ARIMA 算法

9.2.1　ARIMA 模型

1. ARIMA 算法的特点

(1)应用广泛。主要用于股价波动、资金流入流出、交通流量预测、GDP 季度增长预测等。

（2）模型简单，准确率高。

（3）能处理多种时间序列数据。例如，平稳的、非平稳的数据，周期性的数据。

2. ARIMA 概念

自回归整合移动平均模型 ARIMA(p,d,q)是一种时间序列预测的方法，模型的思想就是从历史的数据中学习随时间变化的规律，然后利用该规律去预测未来的数据。

3. 算法原理

（1）I 模型

差分算法可以计算相邻观测值之间的差值，让非平稳时间序列变平稳。

一阶差分：用下一个数值，减去上一个数值。一阶差分公式见式（9-2）。

$$y' = y_t - y_{t-1} \qquad\qquad 式（9-2）$$

二阶差分：在一阶差分的基础上，用下一个数值再减上一个数值。二阶差分公式见式（9-3）：

$$y'' = y'_t - y'_{t-1} = y_t - 2y_{t-1} + y_{t-2} \qquad\qquad 式（9-3）$$

一般做到二阶差分就可以了。

平稳性就是要求经由样本时间序列所得到的拟合曲线在未来的一段时间内仍能顺着现有的形态"惯性"地延续下去。平稳性要求序列的均值和方差（数据的波动性）不发生明显变化。

北京某天 11～12 点的温度变化如图 9-4 所示，从图中可以看到温度的波动不是很大，几乎在均值（8℃）上下浮动，整体比较平稳。

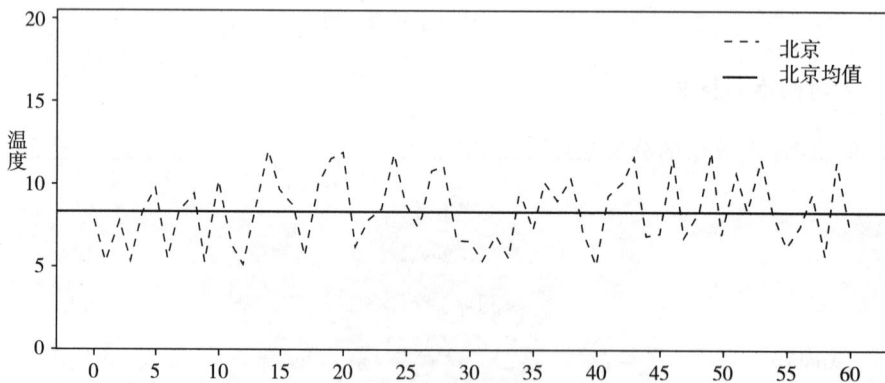

图 9-4 北京某天 11～12 点的温度变化

（2）AR 模型

自回归模型 AR(Auto Regression)表示当前时间点的值等于过去若干个时间点的值的加权组合。因为不依赖别的解释变量，只依赖自己过去的历史值，故称为自回归。如果依赖过去最近的 p 个历史值，称阶数为 p，记为 $AR(p)$ 模型。

例如，20130705 的资金流入数据用 20130704、20130703 两天的资金流入数据组合进行预测，这里 $p=2$，记为 $AR(2)$。

一个 p 阶的自回归模型可以表示为式（9-4）：

$$y_t = c + \varphi_1 y_{t-1} + \cdots + \varphi_p y_{t-p} + \varepsilon_t \qquad \text{式}(9-4)$$

式(9-4)中，y_t 是当前值；c 是常数项；φ_i 是自回归系数；ε_t 是预测误差，一般是白噪声序列。

白噪声序列值之间是没有任何相关性的，这意味着该序列过去的行为对将来的发展没有丝毫影响。

对于时间序列 $\{y_1, y_2, y_3, \cdots, y_t\}$，白噪声满足以下 3 个条件：

① 均值为 0，即 $E(y_t) = 0$；

② 方差 $Var(y_t) = \sigma^2$；

③ 当 k 不等于 0，$Cov(y_t, y_{t+k}) = 0$ 时，Cov(协方差)为一种用来度量两个随机变量关系的统计量。

高斯白噪声序列见表 9-2 所列数据，共 100 条，其平均值 0.0，方差为 25。其数据分布图如图 9-5 所示。

表 9-2　白噪声时间序列

序号	数　　据
1	6.440923766
2	7.247228043
3	0.331679045
4	−3.822718255
5	−5460866076
6	0.156672584
7	−5.11051585
......	
100	0.996559882

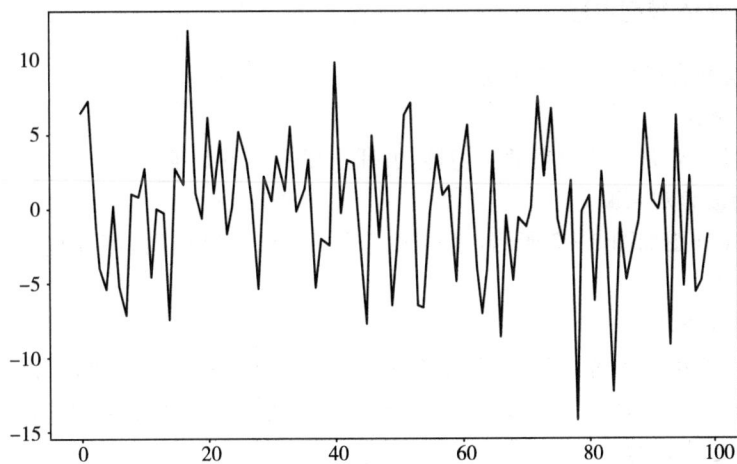

图 9-5　数据分布图

（3）MA 模型

移动平均模型 MA(Moving Average)是序列当前时刻的时序值是过去若干个时间点的预测误差的加权组合，能有效地消除预测中的随机波动。如果序列依赖过去最近的 q 个历史预测误差值，称阶数为 q，记为 $MA(q)$ 模型。

例如，20130705 的资金流入数据用 20130704、20130703 两天的预测误差数据组合进行预测，这里 $q=2$，记为 $MA(q)$。

一个 q 阶的移动平均模型可以表示为式（9-5）：

$$y_t = c + \theta_1 \varepsilon_{t-1} + \cdots + \theta_q \varepsilon_{t-p} + \varepsilon_t \qquad \text{式（9-5）}$$

式（9-5）中，y_t 是当前值；c 是常数项；θ_i 是系数；ε_t 是预测误差，一般是白噪声序列。

（4）ARIMA 模型

自回归整合移动平均模型（ARIMA）是一种将自回归（AR）过程、整合（I）和移动平均（MA）过程相结合的结果。

ARIMA 模型可以表示：当前时间点的值＝（一个或多个）常量 c＋（一个或多个）过去时间点值的加权＋（一个或多个）过去时间点的预测误差加权。

ARIMA 模型公式见式（9-6）：

$$y_t = c + \varphi_1 y_{t-1} + \cdots + \varphi_p y_{t-p} + \theta_1 \varepsilon_{t-p} + \varepsilon_t \qquad \text{式（9-6）}$$

式（9-6）中，φ：自回归模型（AR）的系数；

θ：移动平均模型（MA）的系数；

p：AR 模型阶数；

d：差分阶数；

q：MA 模型阶数；

ε_t：预测误差（随机误差），模型预测值-真实值；

y_t：时间序列 t 时刻的数据。

9.2.2 ARIMA 模型流程

ARIMA 模型流程如图 9-6 所示。

1. 平稳性检验

平稳性检验主要是检验数据的平稳性，方法主要有以下几种。

（1）通过绘图直观判断

资金流入序列图如图 9-7 所示，通过可视化资金流入序列图，可以直观判断数据分布是否平稳。

（2）简单统计方法

分析时间序列的基本统计值（如均值和方差）在不同时期是否一致，可以通过把数据分成几份，然后统计每份的均值和方差，对比统计结果的方式。如果结果的均值和方差相差不大，那么数据就是稳定的。

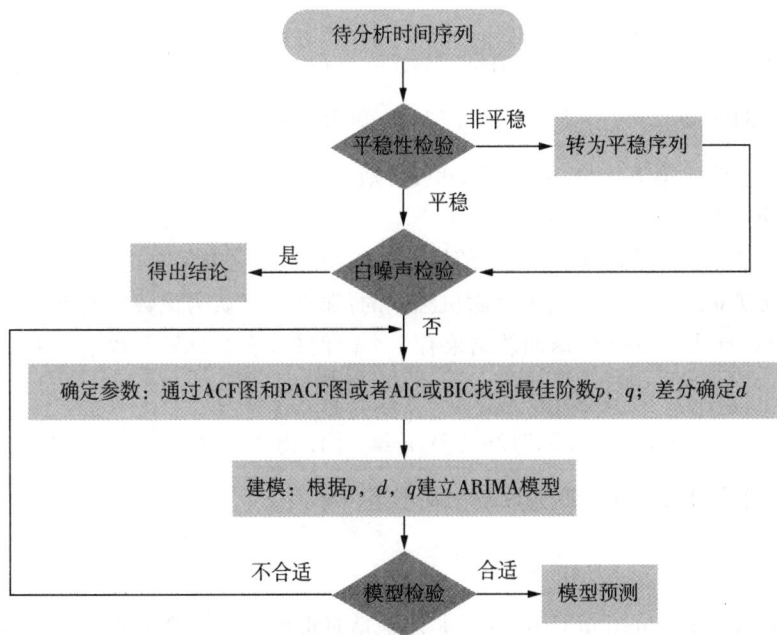

图 9 - 6 ARIMA 模型流程

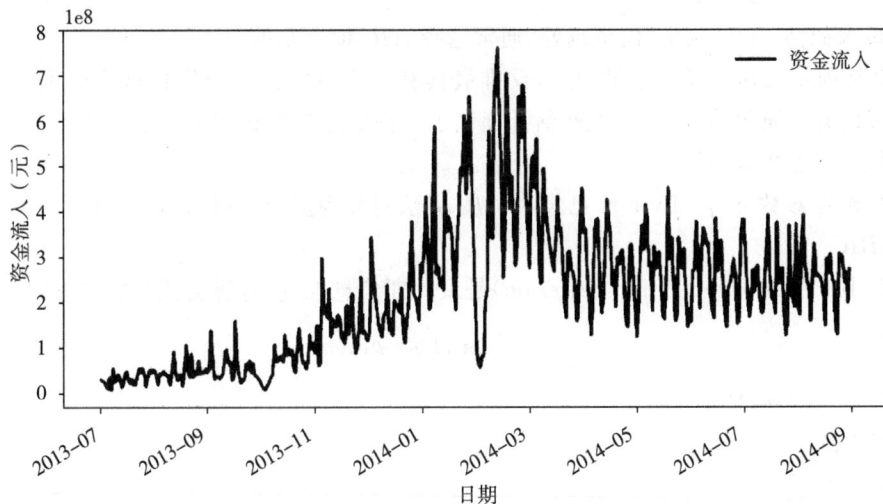

图 9 - 7 资金流入序列图

（3）ADF 检验

ADF 检验公式见式（9 - 7）：

$$y_t = c + \varphi y_{t-1} + \varepsilon_t \qquad \text{式}(9-7)$$

式（9 - 7）中，y_t 是当前值；c 是常数项；φ 是自相关系数；ε_t 是误差项。

Python 封装的 Adfuller 函数返回的结果有 6 个。例如，下面的一个数据 ADF 检验返回结果：

$(-9.1916312162314355, 2.1156279593784273e-15, 12, 338, \{5\%': -2.8701292813761641,$ '$1\%': -3.449846029628477, '10\%': -2.5713460670144603\}, 4542.1540700410897)$

如果第一个值比第五个值小，说明平稳；否则不平稳。

2. 白噪声检验

白噪声检验（Ljung-Box test）是对随机性的检验，用于检验某个时间段内的一系列观测值是不是随机独立的。如果数据不是随机独立的，那么可以认为该数据就不是白噪声。

python：acorr_ljungbox()返回的结果有 2 个。例如，下面为某个数据的 Ljung-Box test 检验结果：

$$\text{array}([54.58712878]), \text{array}([1.48706411e-13])$$

如果第二个值小于 0.05，那么该数据就不是白噪声。

3. 确定参数

(1) AIC

AIC（Akaike Information Criterion）是赤池信息准则。其计算公式见式(9-8)。

$$AIC = -2\ln(L) + 2k \qquad \text{式}(9-8)$$

式(9-8)中，k：参数个数；

L：最大似然，AIC 越小，模型越好，通常选择 AIC 值最小的模型。

L 就是利用已知的样本结果信息，反推最具有可能（最大概率）导致这些样本结果出现的模型参数值。换句话说，极大似然估计提供了一种给定观察数据来评估模型参数的方法，即"模型已定，参数未知"。

AIC 确定参数 p,q。Python 已经将 AIC 方法封装为函数，直接调用即可。

(2) BIC

BIC（Bayesian Information Criterion）是贝叶斯信息准则，计算公式见式(9-9)。

$$BIC = -2\ln(L) + k\ln(n) \qquad \text{式}(9-9)$$

式(9-9)中，n：样本个数；

k：参数的个数；

L：最大似然。

BIC 越小，模型越好，通常选择 BIC 值最小的模型。

BIC 确定参数 p,q。Python 已经将 BIC 方法封装为函数，直接调用即可。

4. 建立模型

调用 Python 封装好的 ARIMA 函数实现。

5. 模型检验

模型检验主要是对残差（真实值-预测值）进行检验，通过分析残差时序图、正态分布图、QQ 图，判断模型的稳定性。模型检验的方式如图 9-8 所示，如果残差时序图是稳定的，而且残差呈正态分布，那么模型基本上是稳定的。

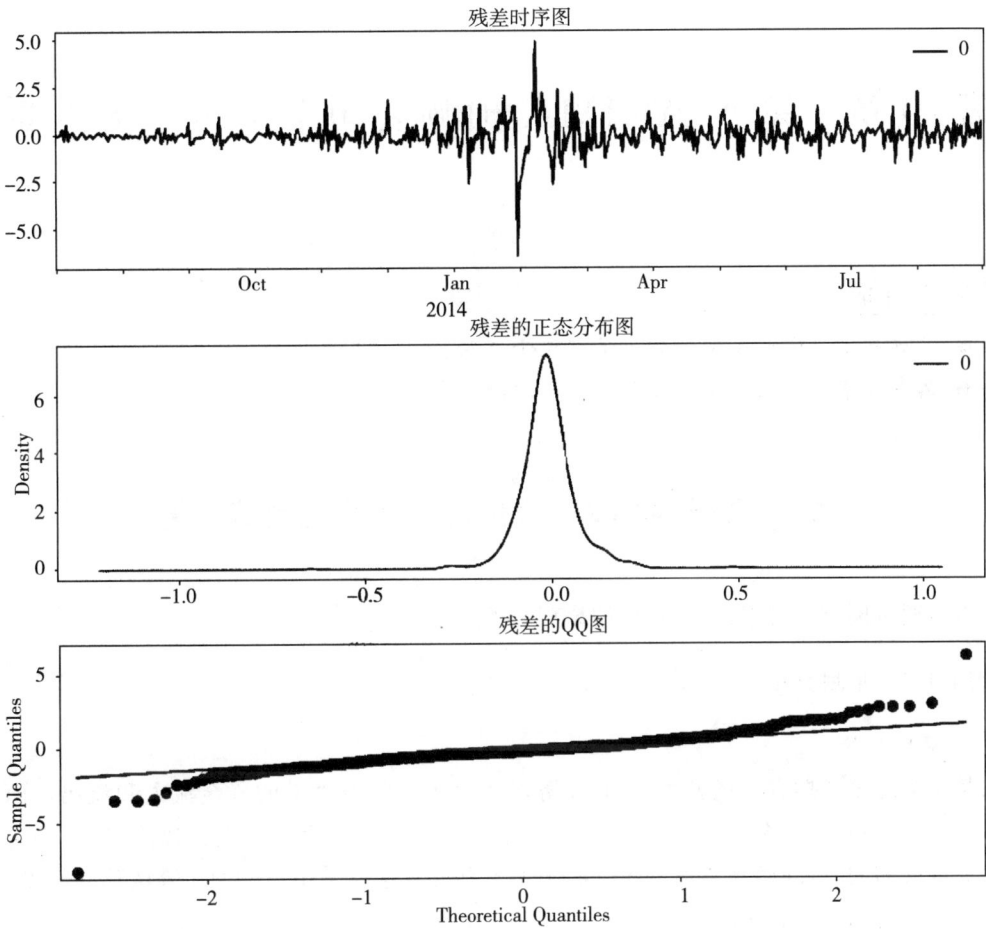

图 9 - 8 模型检验的方式

调用 Python 封装的可视化库实现。

在图 9 - 8 中,残差的时序图,可以看出残差时序图基本稳定;残差的正态分布图,由图中结果可知模型的残差是正态分布的;残差的 QQ 图,可知结果是线性的,也说明了残差服从正态分布。

第10章　基于 ARIMA 预测公司下期现金流入量

✏️ 学习目标

● 了解基于 ARIMA 预测公司下期现金流入量。

● 熟悉并掌握基于 ARIMA 预测公司下期资金流出量。

10.1　基于 ARIMA 预测公司下期现金流入量

本节通过阅读项目案例资料,归纳该项目的实现过程。

10.1.1　项目介绍

1. 项目背景

某家金融公司拥有上亿名用户,其业务场景每天都涉及大量的资金流入和流出。面对如此庞大的用户群,资金管理的压力会非常大。因此,在保证资金流动性风险最小、满足日常业务运营的同时,准确预测资金流入流出尤为重要。这里采用 ARIMA 算法建立模型,预测未来一段时间的资金流入。

2. 项目数据

数据来源 Github。数据字段:

(1)日期:20210101~20210531,在模型中作为输入;

(2)资金流入:每个日期对应的数据,在模型中作为输入;

(3)数据大小:151 行×2 列。

字段在模型中的角色见表 10-1 所列。

表 10-1　字段在模型中的角色

字　　段	字段在模型中的角色
日期	自变量,输入
资金流入	自变量,输入

3. 项目目标

(1)根据数据和 ARIMA 算法建立模型预测资金流入。

(2)熟悉项目实现的流程。

4. 项目实现方式

(1)数据挖掘工具。

(2)Python 语言实现。

5. 项目框架

项目框架如图 10-1 所示。

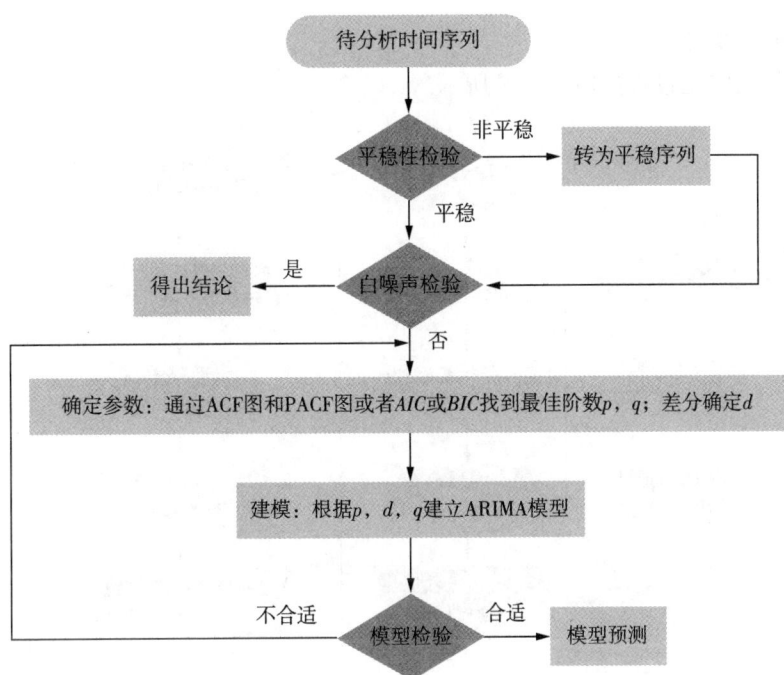

图 10-1　项目框架

10.1.2　项目实现过程

1. 数据挖掘工具项目实现过程

(1)选择数据源

① 点击"选择数据源"。

② 选择内置的数据:资金流入.csv。

③ 点击"保存"。

(2)配置模型

① 点击"配置模型"。

② ARIMA。

③ 选择自变量:日期、资金流入。

④ 点击"保存"。

(3)开始建模

① 开始建模。

② 查看训练结果。

（4）设置预测结束时间

① 设置预测天数（天数必须是大于 0 的正整数），这里预测 10 天的数据。

② 点击"保存"。

（5）开始预测

① 点击"开始预测"。

② 查看预测结果。

2. Python 实现过程

Python 代码实现过程如图 10 - 2 所示。

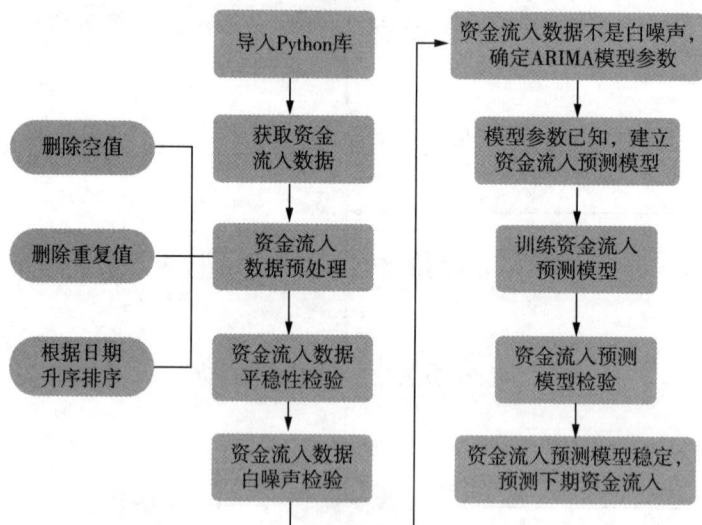

图 10 - 2　Python 代码实现过程

（1）导入 Python 库文件

（2）获取资金流入数据

利用 pandas 的 pd. read_csv 方法获取资金流入数据。

（3）资金流入数据预处理

① 利用 pandas 的 drop_duplicates 方法删掉重复数据，保留重复数据的第一条。

② 利用 pandas 的 dropna 方法删掉含有空值的记录。

③ 按照日期进行升序排序。

（4）资金流入数据平稳性检验

① 可视化资金流入的时序图。

② 利用 statsmodels 的 ADF 方法计算 ADF 值。

③ 如果通过以上两种方式发现数据不平稳，则通过二阶差分将数据转为平稳数据。

（5）资金流入白噪声检验

① 利用 statsmodels 的 acorr_ljungbox 方法检验资金流入数据是不是白噪声。

② 如果该数据第二个结果值小于 0.05，则说明该数据不是白噪声。

（6）资金流入数据不是白噪声，确定 ARJMA 模型参数

① 初始化 AIC 值为最大值。

② 初始化参数 p,q 的范围在 $0\sim6$ 之间（实际上的取值是 $0\sim5$）。

③ 利用循环语句，找到最佳模型参数 p,q。

根据每次 p,q 的取值，计算 AIC 值；再与初始化的 AIC 值进行比较，如果小于最初的 AIC 值，需要更新 AIC 值为当前的 AIC 值。

通过循环，找到最小的 AIC 值所对应的 p,q。

（7）模型参数已知，建立资金流入预测模型

调用 statsmodels 的 arima_model. ARIMA 方法，并传入 AR 模型阶数 p，差分阶数 d，MA 模型阶数 q，建立模型。

（8）训练资金流入预测模型

调用 FIT 方法，利用资金流入数据训练模型。

（9）资金流入预测模型检验

① 画出残差的时序图。

② 画出残差的正态分布图。

③ 画出残差的 QQ 图。

（10）资金流入预测模型稳定，预测下期资金流入

① 输入预测的天数，这里预测未来 10 天的数据。

② 预测的开始时间是训练数据资金流入的最晚的日期。

③ 传入预测的开始日期和截止日期，预测数据，不保留预测开始日期的数据。

④ 可视化资金流入预测数据。

⑤ 预测数据保存为 csv 文件。

4．参考代码

（1）导入 Python 库文件

```python
import pandas as pd    # pandas:数据分析库 from datetime import datetimeimport pandas as
pd    # pandas:数据分析库
import matplotlib. pyplot as plt    # matplotlib:数据可视化库
from datetime import datetime
import matplotlib. dates as mdate
plt. rcParams['font. sans - serif'] = ['simhei']    # 中文显示
plt. rcParams['axes. unicode_minus'] = False    # 用来正常显示负号
from statsmodels. graphics. tsaplots import *    # statsmodels:强大的统计分析包,包含了
回归分析、时间序列分析、假设检验等功能
from statsmodels. stats. diagnostic import acorr_ljungbox
from statsmodels. tsa import arima_model
from statsmodels. tsa. stattools import adfuller as ADF
from statsmodels. graphics. api import qqplot
```

```python
import numpy as np    # numy:数据处理库
import random
import sys    # 模块负责程序与 python 解释器的交互,提供了一系列的函数和变量,用于操控
python 运行时的环境
import warnings    # 发出警告,或者忽略它或引发异常
warnings.filterwarnings('ignore')    # 忽略警告
from datetime import timedelta
```

(2)获取资金流入数据

```python
data = pd.read_csv('基于 ARIMA 预测公司下期现金流入量/资金流入.csv')
```

(3)资金流入数据预处理

```python
# 数据预处理
# 去掉重复的数据
data = data.drop_duplicates()
# 去掉为空的数据
data = data.dropna()
# 按照日期排序
data = data.sort_values(['日期'])
```

(4)资金流入数据平稳性检验

```python
# 原始数据可视化
# 平稳性检验
data['日期'] = data['日期'].astype(str)
data['日期'] = data['日期'].apply(lambda x:x.replace('/',''))
data['日期'] = data['日期'].apply(lambda x:x.replace('-',''))
data.index = data['日期']
purchase_data = data['资金流入']
fig = plt.figure(figsize = [18,9])
purchase_data.plot(color = '#e98e95',title = '资金流入序列图')
plt.xlabel("日期")    # 横坐标名字
plt.ylabel("资金流入(元)")    # 纵坐标名字
plt.legend(loc = "best")    # 图例
plt.show()
```

```
# ADF 检验:只要第一个数小于第五个数,该数据就是稳定的
adf_res = ADF(purchase_data)
if adf_res[0] < adf_res[4]['1%']:
    d = 0
else:
    d = 2
```

(5)资金流入数据白噪声检验

```
# 如果该数据结果值小于 0.05 证明该数据不是白噪声
purchase_data_diff = purchase_data.diff(d).dropna()
acr = acorr_ljungbox(purchase_data_diff,lags = 1)
print('白噪声结果:',acr)
```

(6)资金流入不是白噪声,确定 ARIMA 模型参数

```
p_Dif = 0    # 初始化最佳模型参数
q_Dif = 0
# 如果该数据结果值小于 0.05 证明该数据不是白噪声
if acr[1] < 0.05:
    # 确定模型参数
    aicValue_Dif = sys.maxsize
    p_max = 6
    q_max = 6
    for p in range(0,p_max):
        for q in range(0,q_max):
            try:
                model = arima_model.ARIMA(purchase_data,order = (p,d,q)).fit(disp = 0)
                aicValue = model.aic
                if aicValue < = aicValue_Dif:
                    aicValue_Dif = aicValue
                    p_Dif = p
                    q_Dif = q
            except:
                continue
    print('p_Dif = '+ str(p_Dif) +'   q_Dif = '+ str(q_Dif) +'   aicValue_Dif = '+ str
(aicValue_Dif))
```

(7) 模型参数已知，建立资金流入预测模型

```
model = arima_model. ARIMA(purchase_data,order = (p_Dif,d,q_Dif))
```

(8) 训练资金流入预测模型

```
model = model. fit(disp = 0)
```

(9) 资金流入预测模型检验

```
    # 检验模型的稳定性
    # 模型平稳性检验,均值为 0 方差为常数的正态分布
    fig = plt. figure(figsize = [16,14])
    ax1 = plt. subplot(311)
    residuals = pd. DataFrame(model. resid)
    residuals. plot(ax = ax1)
    plt. title('残差时序图')
    ax2 = plt. subplot(312)
    residuals. plot(kind = 'kde',ax = ax2)
    plt. title('正态分布图')
    ax3 = plt. subplot(313)
    qqplot(model. resid,line = 'q',ax = ax3,fit = True)
    plt. title('QQ 图')
    plt. savefig('残差检验结果 . png')
    plt. show()
    # 模型拟合
model. plot_predict(dynamic = False)
plt. title('模型拟合结果')
plt. show()
```

(10) 资金流入预测模型稳定，预测下期资金流入

```
    start_date = data. index[ - 1]
    start_date = datetime. strptime(start_date,'% Y % m % d')
    # 根据输入的预测天数,构造时间序列数组
    pre_days = 10
    end_date = start_date + timedelta(days = pre_days)
    # 转化数据类型 转为 str
```

```
    start_date_str = start_date.strftime('%Y%m%d')
    end_date_str = end_date.strftime('%Y%m%d')
    # 构造时间序列
    date_list = pd.date_range(start = start_date_str,end = end_date_str,closed = 'right').
strftime('%Y%m%d').to_list()
    predict_df = pd.DataFrame(date_list,columns = ['预测时间'])
    predict_df.index = date_list
    pre_data,se,conf = model.forecast(pre_days)
    predict_df['预测结果'] = pre_data
    fig,axs = plt.subplots(figsize = (12,6))
    axs.xaxis.set_major_formatter(mdate.DateFormatter('%Y%m%d')) # 设置时间标签显
示格式
    predict_df['预测结果'].plot(title = '资金流入预测结果',color = '#5e98e9',label = "预
测值",linewidth = 2,marker = 'o')
    plt.yticks(fontsize = 10)
    plt.ylabel("资金流入(元)",fontsize = 14)    # 纵坐标名字
    plt.xlabel("日期",fontsize = 14)    # 纵坐标名字
    plt.legend(loc = "best")    # 图例
    plt.show()
    predict_df.to_csv('资金流入预测结果.csv',index = False,encoding = 'utf-8-sig')
else:
    print('基于 ARIMA 预测公司下期现金流入量/该数据是白噪声,算法结束!')
```

10.1.3　项目总结

　　未来 10 天的资金流入预测结果如图 10-3 所示,对应的预测资金流入结果见表 10-2
所列。根据预测结果可知未来资金流入趋势,根据趋势可以做出应急方案。

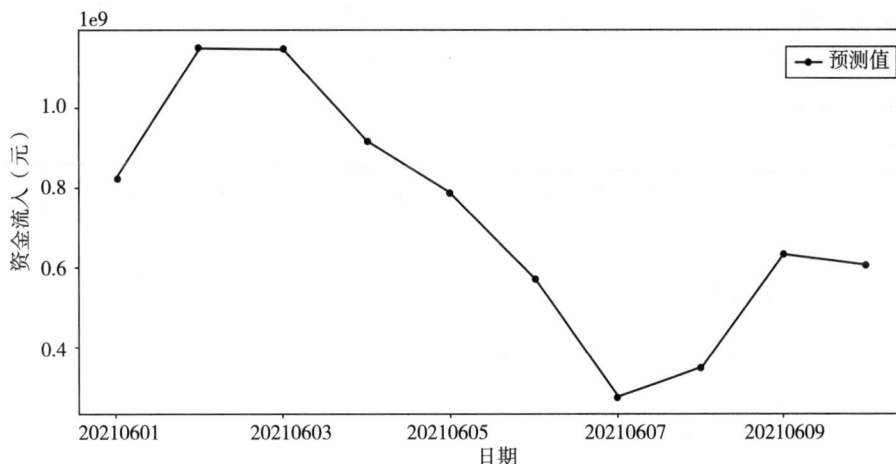

图 10-3　未来 10 天的资金流入预测结果

表 10 - 2 预测资金流入结果

预测时间	预测资金流入(元)
20210601	825945226.6
20210602	1153549661
20210603	1146113583
20210604	917576145
20210605	791663131.1
20210606	572391886.1
20210607	277109209.8
20210608	346794255.6
20210609	634646604.1
20210610	605840424.1

10.2 基于 ARIMA 预测公司下期资金流出量

本节利用 ARIMA 算法,选择数据挖掘工具中的 ARIMA 算法或者 Python 语言练习预测公司下期资金流出量。

10.2.1 项目介绍

1. 案例背景

本项目是研究某金融服务公司的资金流出数据,进而分析资金流向。资金流出是一个重要的指标,能够体现资金流向。

2. 任务目标

利用 ARIMA 算法对资金流出量进行预测。

3. 实现方式

(1)数据挖掘工具。

(2)Python 语言。

4. 数据及参考答案路径

该项目的数据及参考答案已经提供,在项目:课后作业之"基于 ARIMA 预测公司下期资金流出量"处下载。

10.2.2 项目实现过程

1. 项目之数据挖掘工具项目实现过程

(1)选择数据源

① 点击"选择数据源"。

② 点击"上传数据":上传资金流出.csv。

③ 点击"保存"。

(2)配置模型

① 点击"配置模型"。

② ARIMA。

③ 选择自变量:日期、资金流出。

④ 点击"保存"。

(3)开始建模

① 开始建模。

② 查看训练结果。

(4)设置预测结束时间

① 设置预测天数(必须是大于 0 的正整数),这里预测 10 天的数据。

② 点击"保存"。

(5)开始预测

① 点击"开始预测"。

② 查看预测结果。

2. 项目之 Pyhton 实现过程

(1)导入 Python 库文件

(2)获取数据

利用 pandas 的 pd. read_csv 方法获取资金流出数据。

(3)数据预处理

① 利用 pandas 的 drop_duplicates 方法删掉重复数据,保留重复数据的第一条。

② 利用 pandas 的 dropna 方法删掉含有空值的记录。

③ 按照日期进行升序排序。

(4)数据平稳性检验

① 可视化资金流出的时序图。

② 利用 statsmodels 的 ADF 方法计算 ADF 值。

③ 如果通过以上两种方式发现数据不平稳,则通过 2 阶差分将数据转为平稳数据。

(5)白噪声检验

① 利用 statsmodels 的 statsmodels 方法检验资金流出数据是不是白噪声。

② 如果该数据第二个结果值小于 0.05,说明该数据不是白噪声。

(6)寻找最佳参数

① 初始化化 AIC 值为最大值。

② 初始化参数 p,q 的范围在 0~6(实际上的取值是 0~5)。

③ 利用循环语句,找到最佳模型参数 p,q。

根据每次 p,q 的取值,计算 AIC 值;再与初始化的 AIC 值进行比较,如果小于最初的 AIC 值,需要更新 AIC 值为当前的 AIC 值。

通过循环,找到最小的 AIC 值所对应的 p,q。

（7）建立模型

调用 statsmodels 的 arima_model. ARIMA 方法，并传入 AR 模型阶数 p，差分阶数 d，MA 模型阶数 q，建立模型。

（8）训练模型

调用 FIT 方法，利用资金流出数据训练模型。

（9）模型稳定性检验

① 画出残差的时序图。

② 画出残差的正态分布图。

③ 画出残差的 QQ 图。

（10）模型预测

① 输入预测的天数，这里预测未来 10 天的数据。

② 预测的开始时间是训练数据资金流出的最晚的日期。

③ 传入预测的开始日期和截止日期，预测数据，不保留预测开始日期的数据。

④ 可视化资金流出预测数据。

⑤ 预测数据保存为 csv 文件。

3. 参考答案

```python
import pandas as pd   # pandas:数据分析库
import matplotlib. pyplot as plt   # matplotlib:数据可视化库
import matplotlib. dates as mdate
plt. rcParams['font. sans-serif'] = ['simhei']   # 中文显示
plt. rcParams['axes. unicode_minus'] = False   # 用来正常显示负号
from statsmodels. graphics. tsaplots import *   # statsmodels:强大的统计分析包,包含了
回归分析、时间序列分析、假设检验等功能
from statsmodels. stats. diagnostic import acorr_ljungbox
from statsmodels. tsa import arima_model
import sys   # 模块负责程序与 python 解释器的交互,提供了一系列的函数和变量,用于操控
python 运行时的环境
import warnings   # 忽略警告信息
from statsmodels. graphics. api import qqplot
from statsmodels. tsa. stattools import adfuller as ADF
from datetime import datetime
from datetime import timedelta
warnings. filterwarnings('ignore')   # 忽略警告
# 读取数据
data = pd. read_csv('基于 ARIMA 预测公司下期现金流出量/资金流出 .csv')
# 数据预处理
# 去掉重复的数据
data = data. drop_duplicates()
```

```
# 去掉为空的数据
data = data. dropna()
# 按照日期排序
data = data. sort_values(['日期'])
# 原始数据可视化
# 平稳性检验
data['日期'] = data['日期']. astype(str)
data['日期'] = data['日期']. apply(lambda x:x. replace('/',''))
data['日期'] = data['日期']. apply(lambda x:x. replace('-',''))
data. index = data['日期']
purchase_data = data['资金流出']
fig = plt. figure(figsize = [18,9])
purchase_data. plot(color = '#e98e95',title = '资金流出序列图')
plt. xlabel("日期")  # 横坐标名字
plt. ylabel("资金流出(元)")  # 纵坐标名字
plt. legend(loc = "best")  # 图例
plt. show()
# ADF 检验:只要第一个数小于第五个数,该数据就是稳定的
adf_res = ADF(purchase_data)
if adf_res[0] < adf_res[4]['1%']:
  d = 0
else:
  d = 2
purchase_data_diff = purchase_data. diff(d). dropna()
acr = acorr_ljungbox(purchase_data_diff,lags = 1)
print('白噪声(如果第二个值小于 0.05,那么该数据就是非白噪声):',acr)
p_Dif = 0  # 初始化最佳模型参数
q_Dif = 0
# 如果该数据结果值小于 0.05,说明该数据不是白噪声
if acr[1] < 0.05:
# 确定模型参数
aicValue_Dif = sys. maxsize
  p_max = 6
q_max = 6
for p in range(0,p_max):
for q in range(0,q_max):
try:
    model = arima_model. ARIMA(purchase_data,order = (p,d,q)). fit(disp = 0)
  aicValue = model. aic
  if aicValue < = aicValue_Dif:
```

```
        aicValue_Dif = aicValue
            p_Dif = p
            q_Dif = q
    except：
        continue
    # 建立模型
    model = arima_model. ARIMA(purchase_data,order = (p_Dif,d,q_Dif))
    # 训练模型
    model = model. fit(disp = 0)
    # 检验模型的稳定性
    # 模型平稳性检验  均值为 0 方差为常数的正态分布
    fig = plt. figure(figsize = [16,14])
    ax1 = plt. subplot(311)
    residuals = pd. DataFrame(model. resid)
    residuals. plot(ax = ax1)
    plt. title('残差时序图')
    ax2 = plt. subplot(312)
    residuals. plot(kind = 'kde',ax = ax2)
    plt. title('正态分布图')
    ax3 = plt. subplot(313)
    qqplot(model. resid,line = 'q',ax = ax3,fit = True)
    plt. title('QQ 图')
    plt. savefig('基于 ARIMA 预测公司下期现金流出量/残差检验结果. png')
    plt. show()
    # 模型拟合
    model. plot_predict(dynamic = False)
    plt. title('模型拟合结果')
    plt. show()
    start_date = data. index[ - 1]
    start_date = datetime. strptime(start_date,'% Y % m % d')
    # 根据输入的预测天数,构造时间序列数组
    pre_days = 10
    end_date = start_date + timedelta(days = pre_days)
    # 转化数据类型 转为 str
    start_date_str = start_date. strftime('% Y % m % d')
    end_date_str = end_date. strftime('% Y % m % d')
    # 构造时间序列
    date_list = pd. date_range(start = start_date_str,end = end_date_str,closed = ' right ').
strftime('% Y % m % d'). to_list()
    predict_df = pd. DataFrame(date_list,columns = ['预测时间'])
```

```
    predict_df. index = date_list
    pre_data,se,conf = model. forecast(pre_days)
    predict_df['预测结果'] = pre_data
    fig,axs = plt. subplots(figsize = (12,6))
    axs. xaxis. set_major_formatter(mdate. DateFormatter('%Y%m%d'))    # 设置时间标签
显示格式
    predict_df['预测结果']. plot(title = '资金流出预测结果',color = '#5e98e9',label = "预
测值",linewidth = 2,marker = 'o')
    plt. yticks(fontsize = 10)
    plt. ylabel("资金流出(元)",fontsize = 14)    # 纵坐标名字
    plt. xlabel("日期",fontsize = 14)    # 纵坐标名字
    plt. legend(loc = "best")    # 图例
    plt. show()
    predict_df. to_csv('基于 ARIMA 预测公司下期现金流出量/资金流出预测结果 . csv',index
= False,encoding = 'utf - 8 - sig')
else:
print('该数据是白噪声,算法结束! ')
```

第11章 文本挖掘-基于情感词典的情感分析

✎ 学习目标

● 了解文本挖掘。
● 掌握算法原理——基于情感词典的情感分析。

11.1 文本挖掘概述

本节介绍文本挖掘的特征、应用,以及文本挖掘的相关概念、流程、主要内容。

11.1.1 文本挖掘绪论

1. 文本挖掘的特征

(1)数据量大

现有文本数据中几乎有80%是非结构化的,能够对原始数据进行组织、分类并捕获相关信息,是公司的主要关注和挑战对象。

(2)手动处理困难

手动对这些类型的信息进行分类通常会失败。

(3)管理压力大

随着文本信息的持续增长和多样化,自动、实时地管理这些文本信息的压力倍增。

(4)可扩展性

通过文本挖掘,可以在短短几秒钟内分析大量数据。通过自动执行特定任务,企业可以节省大量时间,将时间专注于其他任务,从而提高生产效率。

(5)实时分析

借助文本挖掘,企业可以相应地对紧急事件进行优先处理,包括发现潜在危机及实时发现产品缺陷或负面评论。

2. 文本挖掘的应用

(1)风险管理

无论哪个行业,风险分析不足通常都是失败的主要原因,在金融行业尤其如此。采用基于文本挖掘技术的风险管理软件可以显著提高降低风险的能力,实现数千个来源的文本文档的完整管理。

(2)知识管理

管理大量文本文档时,我们通常会面临无法快速地找到重要的信息的难题。例如,在医疗行业,研发一个新的产品可能同时需要近十年的基因组学和分子技术研究报告。此时,基于文本挖掘的知识管理软件可以为此种"信息过剩"情况提供有效的解决方案。

（3）社交媒体数据分析

社交媒体是大多数非结构化数据的来源地。企业可以使用这些非结构化数据分析和预测客户需求并了解客户对其品牌的看法。通过分析大量非结构化数据,文本分析能够提取意见,了解情感和品牌之间的关系,以帮助公司的发展。

（4）垃圾邮件过滤

对于互联网提供商来说,垃圾邮件增加了服务管理和软件更新的成本;对于用户来说,垃圾邮件是病毒的入口,是浪费生产时间的元凶。文本挖掘技术可以提高基于统计的过滤方法的有效性,以达到过滤垃圾邮件的目的。

（5）通过索赔调查进行欺诈检测

互联网的匿名性和网络交流的便利性使得网络犯罪的数量大大提升。文本挖掘情报和反犯罪应用的发展可以让政府能更好地预防此类案件的发生。

（6）医学研究

文本挖掘技术对生物医学领域的研究人员越来越有价值,尤其是对于信息的聚类;而进行医学研究的人工调查既昂贵又费时,文本挖掘提供了一种从医学文献中提取有价值信息的自动化方法。

11.1.2　文本挖掘概述

1. 文本

文本是由文字和标点组成的字符串,字或字符组成词、词语或短语,进而形成句子、段落和篇章。

2. 文本挖掘

文本挖掘是抽取有效的、新颖的、有用的、可理解的、散布在文本文件中的有价值知识,并且利用这些知识更好地组织信息的过程。文本挖掘是自然语言处理、模式分类和机器学习等相关技术密切结合的一项综合性技术。

文本挖掘最大的挑战在于对非结构化自然语言文本内容的分析和理解。这里需要强调两点:一是文本内容几乎都是非结构化的;二是文本内容是用自然语言描述的,而不是单纯用数据描述的,其通常不考虑图形和图像等其他非文字形式。

3. 数据形式

数据分为非结构化数据、结构化数据和半结构化数据。其中,80%以上为非结构化数据,结构化数据和半结构化数据占比不到20%。

（1）结构化数据

结构化数据指可以使用关系型数据库存储,表现为二维形式的数据,如 SQL、CSV 等。

（2）半结构化数据

半结构化数据是结构化数据的一种形式,它并不符合关系型数据库或其他数据表的形式关联起来的数据模型结构,但包含相关标记,用来分隔语义元素及对记录和字段进行分层,如 JSONXM 等。

（3）非结构化数据

非结构化数据是数据结构不规则或不完整，没有预定义的数据模型，难以使用数据库二维逻辑表来表现的数据，如图片、音频等。

4. 语料

语料，即语言材料，它有很多形式，如最简单的文本、音频、视频、一段文字等都是语料。语料是构成语料库的基本单元。

5. 语料数据化

原始语料达不到建模的数据化要求，所以要对原始原料做进一步的数据预处理，目的是在将语料数据化的同时尽可能地保留有效信息。语料数据化中保留的信息量决定了随后的建模分析所能达到的最终高度。

6. 停用词

停用词（Stop Words）是指在信息检索中，为节省存储空间和提高搜索效率，在处理自然语言数据（或文本）之前或之后会自动过滤掉某些字或词。

7. 文本挖掘的流程

文本挖掘的流程如图 11-1 所示。

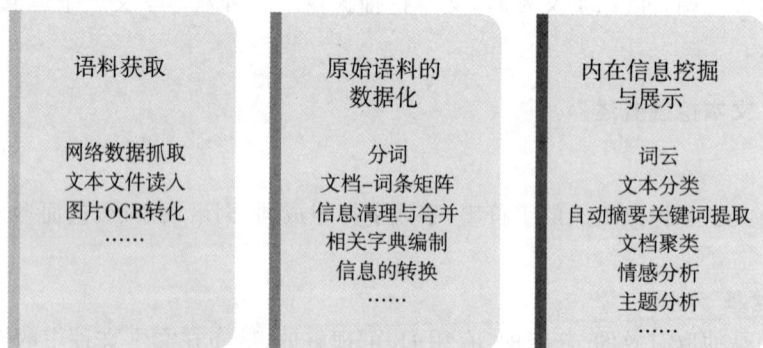

语料获取	原始语料的数据化	内在信息挖掘与展示
网络数据抓取 文本文件读入 图片OCR转化 ……	分词 文档-词条矩阵 信息清理与合并 相关字典编制 信息的转换 ……	词云 文本分类 自动摘要关键词提取 文档聚类 情感分析 主题分析 ……

图 11-1　文本挖掘的流程

8. 文本挖掘的主要内容

文本挖掘的主要内容如图 11-2 所示。

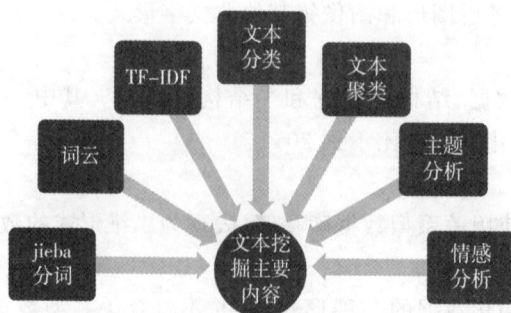

图 11-2　文本挖掘的主要内容

11.2　基于情感词典的情感分析

本节介绍情感分析的概念、应用、特殊性、类型并阐述其原理及流程。

1. 情感分析的概念

情感分析是文本挖掘领域的一个重要方向,其主要任务是对文本中的主观信息(如观点、情感、评价、态度、情绪等)进行提取、分析、处理、归纳和推理。

2. 情感分析的应用

文本情感分析的应用非常广泛,如网络舆情风险分析、口碑分析、话题监控、信息预测等。例如,通过 Twitter 用户情感预测股票走势、电影票房、选举结果等,均是将公众情绪与社会事件对比,发现一致性,并用于预测。

3. 情感分析的特殊性

情感分析语境比较特殊,需要提取的信息量较为特别,文本长度相对较短、形式灵活、话题广泛。

4. 情感分析的类型

情感分析的类型如图 11-3 所示。

5. 基于情感词典的情感分析原理

基于情感词典的情感分析是指根据已构建的情感词典,对分析文本进行文本处理,抽取情感词,计算该文本的情感倾向。其最终分类效果取决于情感词典的完善性。具体而言,首先基于情感词典的情感分析,找到该文本中的词句在词典中所对应的情感数值。例如,"快乐"在某个词典中的情感信息值可能为0.9。然后计算该文本所有词句的情感数值,最终的结果就是该文本的情感分数。

基于词典的文本匹配算法相对简单。逐个遍历分词后的语句中的词语,如果词语命中词典,则进行相应权重的处理。正面词权重为加法,负面词权重为减法,否定词权重取相反数,程度副词权重则和它修饰的词语的权重相乘。

图 11-3　情感分析的类型

6. 基于情感词典的情感分析流程

基于情感词典的情感分析流程如图 11-4 所示。

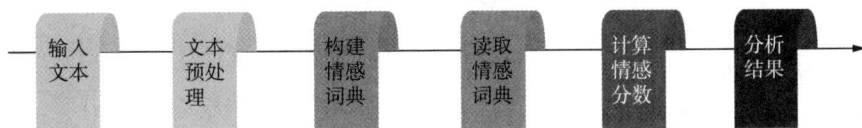

图 11-4　基于情感词典的情感分析流程

第12章 基于情感分析的股民情感分析

📝 **学习目标**

- 了解基于 Python 实现情感分析的股民情感分析。
- 掌握基于 Python 实现商品评论情感倾向分析。

12.1 基于情感分析的股民情感分析

本节通过阅读项目案例资料，归纳该项目的实现过程。

12.1.1 项目介绍

1. 项目背景

股市是一国经济的晴雨表。然而股市受政策、新闻、舆论的影响非常大，容易产生剧烈波动。因此，对股市进行研究很有必要。随着互联网新媒体的发展，网络信息不仅改变了投资者的投资方式，而且成为投资者进行信息交流、获取资源及制定决策的参考依据。网络上的实时股评包含丰富的金融信息，能够体现投资者的情绪变化。因此，对股市的研究可以考虑从股评入手进行挖掘分析。行为金融学的兴起和发展使得对股评的挖掘有了理论基础；文本挖掘、机器学习等技术的兴起使得股评挖掘成为可能。

本项目利用文本挖掘方法对东方财富网（以下简称"东财"）股吧抓取的上证指数股评文本进行分析，并在此基础上利用基于情感词典的方法研究评论的情感倾向（看涨），刻画投资者情感指数，分析股评者的心理状态及非理性行为，得出上证指数价格变化与看涨指数变化之间的影响关系，为投资决策的制定提供参考。

2. 项目数据

（1）股民评论数据

① 数据来源：爬取东财股吧的上证指数股评文本。

② 数据大小：3000 行×3 列。

（2）上证指数数据

① 数据来源：网易财经。

② 数据大小：20 行×6 列。

③ 数据在模型中的角色。

3. 项目目标

(1) 利用基于情感词典分析的方法分析股民评论的看涨指数与上证指数之间的关系。

(2) 熟悉项目实现的流程。

4. 项目实现方式

Python 语言实现。

5. 项目知识点拓展

股票评论反映的投资者情绪倾向：以情绪指数衡量，基于每天各股票评论的情绪倾向（看涨倾向与看跌倾向）计算而得。该项目选用看涨指数衡量每日投资者情绪倾向。

6. 项目框架

项目框架如图 12-1 所示。

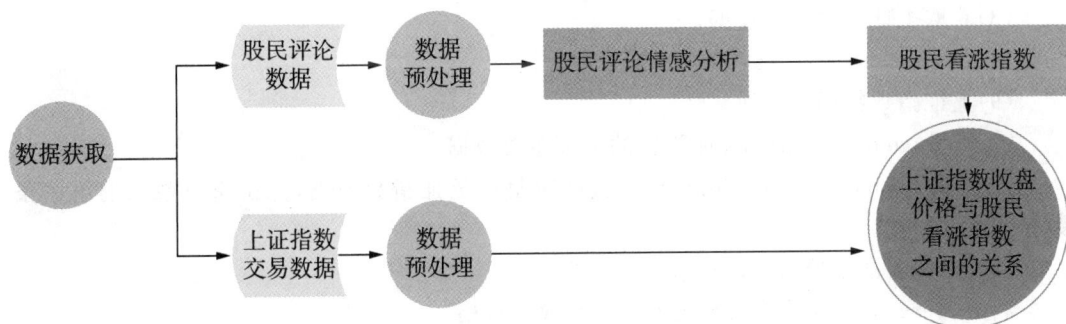

图 12-1　项目框架

12.1.2　项目实现过程

1. 项目 Python 实现过程

(1) 导入 Python 库文件

(2) 获取股民评论数据

利用 pandas 的 read_csv 股民评论价格数据。

(3) 股民评论数据预处理

① 利用 pandas 的 dropna 删除空的评论。

② 用 pandas 的 drop_duplicates 去除重复的评论，保留重复数据的第一条数据。

③ 定义一个方法，利用正则表达式去除非法字符，比如数字、字母以及特殊符号。

(4) Jieba 分词

① 读取停用表。

② 利用 Jieba 对股民评论进行分词。

③ 删除分词结果为空的数据。

(5) 股民评论词云图

利用 Wordcloud 画出股民评论词云图。

(6) 计算股民评论情感分数

① 定义一个计算情感分数的方法。

② 调用情感分数的方法，计算情感分数，情感分数结果在 0～1，值越大说明股民情感越

积极,值越小情感越消极。

(7)计算评论看涨指数

统计每个股民评论的情感倾向。由于每天的评论很多,需要通过公式计算每天股民评论情感倾向,获得每天综合情感倾向,然后再与上证指数的收盘价格进行比较。

看涨指数的公式:log((1+每天看涨的评论数)/(1+每天看跌的评论数))

① 根据股民评论情感分数结果,给每条评论帖一个标签,如情感分数大于等于 0.6 的评论的标签是 1,小于 0.6 的评论的标签是 0。

② 根据股民评论的日期进行分组。

③ 定义一个计算看涨指数的方法:根据日期分组的结果计算看涨指数。

④ 调用看涨指数的方法。

(8)获取上证指数价格数据

利用 pandas 的 read_csv 获取上证指数数据。

(9)上证指数数据预处理

① 利用 pandas 的 dropna 删除空的上证指数数据。

② 利用 pandas 的 drop_duplicates 去除重复的上证指数数据,保留重复数据的第一条数据。

(10)合并看涨指数与上证指数收盘价格

利用 merge()合并看涨指数与上证指数收盘价格。

(11)可视化看涨指数与股票价格之间关系

① 根据日期合并股民看涨指数和上证指数收盘价格。以上证指数收盘价格为基表,在合并的时候如果看涨指数数据缺失,需要对其进行插值处理。这里选择与空值相邻的上一个非空数据或者下一个非空数据进行填充。

② 为了提升股民看涨指数数据的准确性,将某个点的取值扩大到包含这个点的一段区间,用区间来进行判断,这个区间就是窗口。经过窗口处理,会产生空值,删除这些空值。

③ 画出股民看涨指数随时间的变化趋势。

④ 画出股票价格随时间的变化趋势。

2. 参考代码

(1)导入 Python 库文件

```
# 导入 Python 库文件
import pandas as pd   # pandas:数据分析库
import numpy as np   # numy:数据处理库
import matplotlib.pyplot as plt   # matplotlib:数据可视化库
import matplotlib as mpl
from snownlp import SnowNLP   # 文本处理
import re
from mpl_toolkits.axes_grid1 import host_subplot
import jieba
```

```
plt. rcParams['font. sans - serif'] = ['simhei']   ♯ 中文显示
mpl. rcParams['axes. unicode_minus'] = False   ♯ 用来正常显示负号
import matplotlib. dates as mdate
import warnings   ♯ 发出警告,或者忽略它或引发异常
warnings. filterwarnings('ignore')
from wordcloud import WordCloud
```

（2）获取股民评论数据

```
♯ 获取数据
♯ 数据路径
file_name = '基于情感分析的股民情绪分析/股民评论数据. csv'
♯ 获取股民评论数据
df = pd. read_csv(file_name)
```

（3）股民评论数据预处理

```
♯ 数据预处理
♯ 去除为空的数据
df['评论内容']. replace(",np. nan,inplace = True)
df = df. dropna()
♯ 去除重复的数据
df. drop_duplicates(inplace = True)
♯ 定义删除除字母,数字,特殊符号
def remove_punctuation(line):
    line = str(line)
if line. strip() = = ":
return "
    rule = re. compile(u"[a - zA - Z0 - 9]")
    line = rule. sub(",line)
    rule2 = re. compile(u'[！♯ $ % &\'() * + - . /:;＜ = ＞? @? ★、…【】《》? ""''! [\\]^_
{|}～]')
    line = rule2. sub(",line)
    return line
♯ 去除特殊符号
df['评论内容_清洗'] = df['评论内容']. apply(remove_punctuation)
♯ 去除特殊符号,有些句子可能为空,需要删除这些为空的数据
```

```
df['评论内容_清洗'].replace('',np.nan,inplace = True)
df = df.dropna()
```

（4）Jieba 分词

```
# 利用 jiba 进行分词 画出用户评论词云图
# 读取停用词
with open('基于情感分析的股民情绪分析/stoplist.txt','rb')as fp:
    stopword = fp.read().decode('utf - 8')   # 停用词提取
# 将停用词表转换为 list
stpwrdlst = stopword.splitlines()
# 定义分词及去停用词函数
def cutword(text):
    cutwords = list(jieba.cut(text))   # 先转换为 list
    cutwords = pd.Series(cutwords)   # 再转换为 series 序列
    # 去停用词 转换为 str   ~表示取反运算符   isin 是 series 中的一个函数
    cutwords = ''.join(cutwords[~cutwords.isin(stpwrdlst)])
    return(cutwords)
# pandas 库中的 apply 方法是借助并行计算来加快程序的计算效率的
df['分词结果'] = df['评论内容_清洗'].apply(cutword)
df['分词结果'] = df['分词结果'].replace('',np.nan)
# 去掉分词为空的数据
df = df.dropna(subset = ['分词结果'])
```

```
# 去掉重复的分词结果
df = df.drop_duplicates('分词结果')
```

（5）股民评论词云图

```
myfont = '基于情感分析的股民情绪分析/simkai.ttf'
# 绘制词云
text = ''.join(df['分词结果'].values.tolist())
wordcloud = WordCloud(font_path = myfont,background_color = "white",width = 800,height =
660,margin = 2).generate(text)
# 保存词云
wordcloud.to_file('基于情感分析的股民情绪分析/股民评论词云.png')
```

（6）计算股民评论情感分数

```
# 情感分析
# 定义计算情感分数的函数
def get_seniment_cn(text)：
    s = SnowNLP(text)
    return s.sentiments
# 计算股民评论情感分数
df['评论得分'] = df['评论内容_清洗'].apply(get_seniment_cn)
```

（7）计算股民评论看涨指数

```
## 小于 0.6 的标记为消极情感，对应的标签为 0；大于等于 0.6 的标记为积极情感，对应的标
签为 1
df['情感倾向'] = df['评论得分']
df.loc[df['评论得分'] < 0.6,'情感倾向'] = 0
df.loc[df['评论得分'] >= 0.6,'情感倾向'] = 1
# 计算看涨指数
df.reset_index(drop = True,inplace = True)
# 将评论日期进行格式化
df['评论时间'] = pd.to_datetime(df['评论时间'],format = '%Y%m%d')
# 按照评论日期进行分组
grouped = df['情感倾向'].groupby(df['评论时间'].dt.date)
'''
统计出每个股民评论的情感倾向，由于每天的评论很多，需要通过公式
计算每天股民评论情感倾向得出每天综合情感倾向，然后再与上证指数的收盘价格
进行比较
看涨指数的公式：log((1 + 每天看涨的评论数)/(1 + 每天看跌的评论数)
'''
# 看涨指数
def BI_func(row)：
    pos = row[row = = 1].count()
    neg = row[row = = 0].count()
    bi = np.log(1.0 * (1 + pos)/(1 + neg))
    return bi
# 计算看涨指数
BI_index = grouped.apply(BI_func).reset_index()
BI_index.rename(columns = {"情感倾向":"股民看涨指数"},inplace = True)
BI_index['评论时间'] = BI_index['评论时间'].astype(str)
```

(8)获取上证指数价格数据

```
# 获取上证指数价格
pd_data = pd. read_csv('基于情感分析的股民情绪分析/上证指数 . csv')
```

(9)上证指数数据预处理

```
# 数据预处理
# 去除为空的数据
pd_data['收盘价']. replace(",np. nan, inplace = True)
pd_data = pd_data. dropna()
# 去除重复的数据
pd_data. drop_duplicates(inplace = True)
```

(10)合并看涨指数与上证指数收盘价格

```
pd_data['交易日期'] = pd_data['交易日期']. astype(str)
# 把/替换为 -
pd_data['交易日期'] = pd_data['交易日期']. str. replace('/','-')
# 拼接股票数据和股民指数数据,对于空值,这里选择插值处理
merged = pd. merge(BI_index, pd_data, how = 'right', left_on = '评论时间', right_on = '交易
日期')
# 根据上证指数日期升序排序
merged = merged. sort_values('交易日期')
# 用前一个非缺失值去填充该缺失值
merged. fillna(method = 'ffill', inplace = True)
# 用下一个非缺失值填充该缺失值
merged. fillna(method = 'bfill', inplace = True)
# 为了提升数据的准确性,将某个点的取值扩大到包含这个点的一段区间,用区间来进行判
断,这个区间就是窗口
merged['股民看涨指数'] = merged['股民看涨指数']. rolling(window = 7, center = False). mean()
merged = merged. dropna()
```

(11)可视化看涨指数与股票价格之间的关系

```
x_index = pd. to_datetime(merged['交易日期'])
ax1 = host_subplot(111)
```

```
ax1.xaxis.set_major_formatter(mdate.DateFormatter('%Y-%m-%d'))   # 设置时间标签
显示格式
ax1.set_ylabel('股民看涨指数',color='tab:red',fontsize=14)
ax1.plot(x_index,merged['股民看涨指数'].values,color='red',linestyle=':',label="股
民看涨指数")
ax1.tick_params(axis='y',labelcolor='tab:green')
ax2=ax1.twinx()
ax2.set_ylabel('上证指数收盘价格',color='tab:blue',fontsize=14)
ax2.plot(x_index,merged['收盘价'].values,color='#4B73B1',label="上证指数收盘价格")
ax2.tick_params(axis='y',labelcolor='tab:blue')
ax1.set_xlabel('日期',fontsize=14)
plt.xticks(rotation=30)
plt.title('股民看涨指数与股票价格之间的关系',fontsize=18)
leg=plt.legend(fontsize=12)
plt.savefig('基于情感分析的股民情绪分析/股民情感指数与股票价格.png')
plt.show()
```

12.1.3　项目总结

看涨指数与股票价格的关系如图 12 - 2 所示。投资者情绪是影响上证指数收盘价格变化的原因之一,且两者是近似正相关关系,能够为投资者作出投资决策提供帮助。

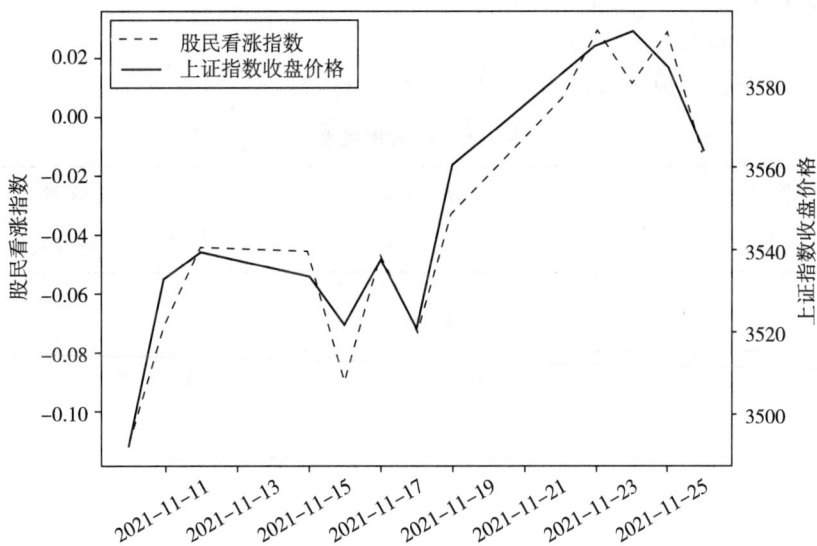

图 12 - 2　看涨指数与股票价格的关系

12.2 基于情感分析的电商用户情感分析

12.2.1 项目介绍

1. 项目背景

随着互联网技术的发展和全球化的推进,电子商务已经成了一种全新的商业模式,它不仅改变了人们的购物方式,也改变了传统的经济发展模式。目前,电商平台已经成了一个庞大的商业生态系统,其中包括众多的电商企业和消费者。数据显示,国内电商平台的市场规模已经超过了1万亿元,而且这个数字还在不断增长。同时,电商平台的用户数量也在不断增加,其中不乏年轻消费者和中老年消费者。除此之外,电商平台的服务也在不断升级,如"无理由退货""七天无忧退换货"等服务,让消费者更加放心地进行在线购物。同时,电商平台还推出了各种促销活动,如:"双11""6·18"等,吸引了大量消费者。针对用户在电商平台上留下的评论数据,利用情感分析算法分析其情感,了解其情感倾向是十分有必要的。

然而,随着电商平台的快速发展,也出现了一些问题,如一些电商平台存在着假货、虚假宣传等问题,这严重影响了消费者的购物体验。同时,一些电商平台还存在着售后服务不到位、物流配送不及时等问题,这也让一些消费者感到失望,使其留下一些不好的评论。针对用户在电商平台上留下的评论数据,利用情感分析算法分析其情感,了解用户的情感倾向就显得尤为重要了。

2. 项目数据

数据来源:Github。

数据属性及数据表描述见表12-1及表12-2所列。

表 12-1 数据属性

评论内容	评论时间	作者
自变量	自变量	自变量

表 12-2 数据表描述

数据类型	特指数	实例数	值缺失	重复记录	自变量个数
文本	3	约2000	有	有	3

3. 项目目标

针对用户在电商平台上留下的评论数据,利用情感分析算法分析其情感,了解用户的情感倾向。

4. 项目实现方式

Python语言实现。

12.2.2　项目实现过程

1. Python 实现过程

(1)导入 Python 库文件

(2)获取评论数据

利用 pandas 的 read_csv 评论数据。

(3)评论数据预处理

① 利用 pandas 的 dropna 删除空的评论。

② 利用 pandas 的 drop_duplicates 去除重复的评论,保留重复数据的第一条数据。

③ 利用正则表达式去除非法字符,比如数字、字母以及特殊符号。

(4)计算评论情感分数

① 定义一个计算情感分数的方法。

② 调用情感分数的方法,计算情感分数,情感分数结果为 0~1,值越大说明情感越积极,值越小说明情感越消极。

2. 参考代码

(1)导入 Python 库文件

```python
import pandas as pd    # pandas:数据分析库
import numpy as np     # numy:数据处理库
import matplotlib.pyplot as plt    # matplotlib:数据可视化库
import matplotlib as mpl
from snownlp import SnowNLP    # 文本处理
import re
plt.rcParams['font.sans-serif'] = ['simhei']    # 中文显示
mpl.rcParams['axes.unicode_minus'] = False    # 用来正常显示负号
import warnings    # 发出警告,或者忽略它或引发异常
warnings.filterwarnings('ignore')
```

(2)获取评论数据

```python
# 数据路径
file_name = '基于情感分析的电商用户情感分析/用户评论.csv'
# 获取电商用户评论数据
df = pd.read_csv(file_name)
```

(3)评论数据预处理

```python
# 去除为空的数据
df['评论内容'].replace('', np.nan, inplace = True)
df = df.dropna()
```

```
# 去除重复的数据
df. drop_duplicates(inplace = True)
# 评论内容转为字符串
content = df['评论内容']. astype(str)
# 正则表达式字符串
pattern = r"[! \"＃ ＄ ％&'() ＊ ＋ － ．／：；＜ ＝ ＞? @[\\\]^_`{}～—!? ￥…():【】《》''""\s] + "
# 对每条评论利用正则表达式查找特殊符号,并用空字符串替换特殊符号,
content = content. apply(lambda x：re. sub(pattern,'',x))
# 将清洗后的数据添加到原来表格
df['评论清洗'] = content
# 对于空字符用 nan 代替,主要是为了使用 dropna 函数做准备
df['评论清洗']. replace('',np. nan,inplace = True)
df = df. dropna(subset = ['评论清洗'])
```

（4）计算评论情感分数

```
# 定义计算情感分数的函数
def get_seniment_cn(text)：
    s = SnowNLP(text)
    return s. sentiments
# 计算电商用户评论情感分数
df['情感分数'] = df['评论清洗']. apply(get_seniment_cn)
df. to_csv('基于情感分析的电商用户情感分析/商品评论情感得分 .csv ',index = False,
encoding = 'utf - 8 - sig')
```

第13章 分类-逻辑回归算法

✎ 学习目标

- 了解 Sigmoid 函数模型。
- 理解决策边界概念。
- 掌握逻辑回归模型的概念、原理及求解模型参数流程。

13.1 Sigmoid 函数

13.1.1 Sigmoid 函数

逻辑回归是一种用于分类问题的机器学习算法。它通过对数据进行建模,预测实例属于某个类别的概率。在逻辑回归算法中,Sigmoid 函数起到了关键作用,Sigmoid 函数是一个有着优美 S 形曲线的数学函数,在逻辑回归、人工神经网络中有着广泛的应用。

Sigmoid 函数的数学形式见式(13-1)。

$$\text{sig}(t) = \frac{1}{1+e^{-t}} \qquad \text{式}(13-1)$$

Sigmoid 函数的图像如图 13-1 所示。

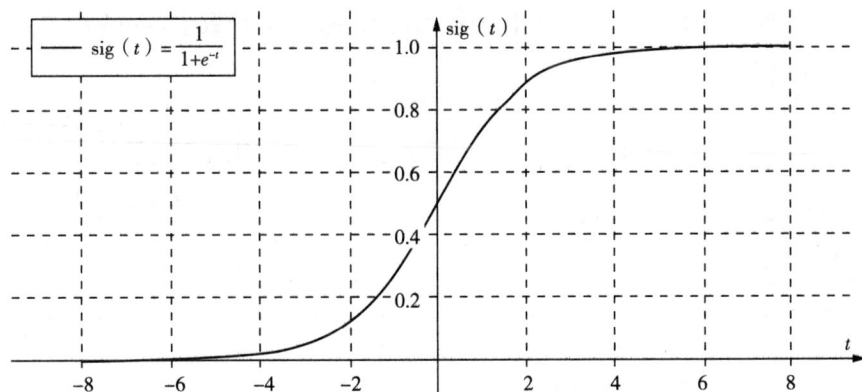

图 13-1 Sigmoid 函数的图像

Sigmoid 函数连续、光滑、严格单调,以(0,0.5)中心对称,是一个非常良好的阈值函数。

自变量 t 的取值范围为负无穷到正无穷,值域 $\text{sig}(t)$ 的取值范围为 0~1。t 趋于负无穷,$\text{sig}(t)$ 趋于 0;$t=0$,$\text{sig}(t)=0.5$;t 趋于正无穷,$\text{sig}(t)$ 趋于 1。

Sigmoid 函数关于回归 y 值小于 0 的映射、Sigmoid 函数关于回归 y 值等于 0 的映射及 Sigmoid 函数关于回归 y 值大于 0 的映射分别如图 13-2、图 13-3 及图 13-4 所示。其中,左边是线性回归,右边是 Sigmoid 函数,通过 Sigmoid 函数将回归值域$(-\infty,+\infty)$压缩到 $(0,1)$。

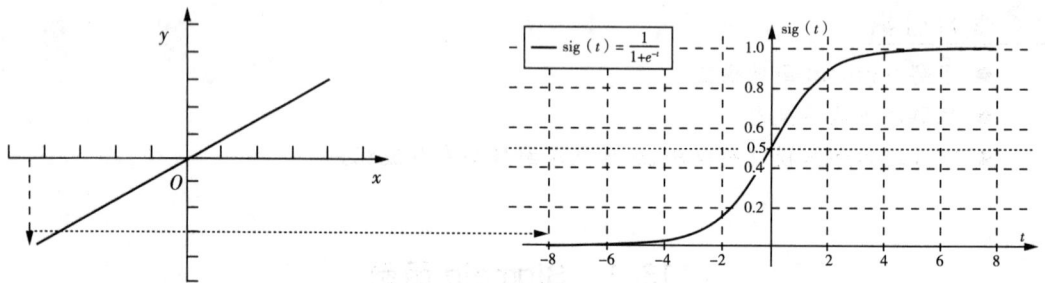

图 13-2　Sigmoid 函数关于回归 y 值小于 0 的映射

如图 13-2 所示,y 值小于 0,$\text{sig}(y)<0.5$,即将小于 0 的数据映射 0~0.5,y 值越小,$\text{sig}(y)$越趋于 0。

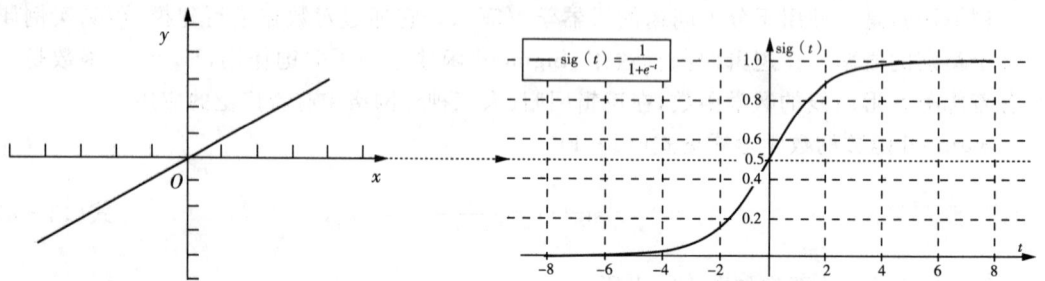

图 13-3　Sigmoid 函数关于回归 y 值等于 0 的映射

如图 13-3 所示,y 值等于 0,将 0 作为输入代入 Sigmoid 函数中,$\text{sig}(y)=0.5$。

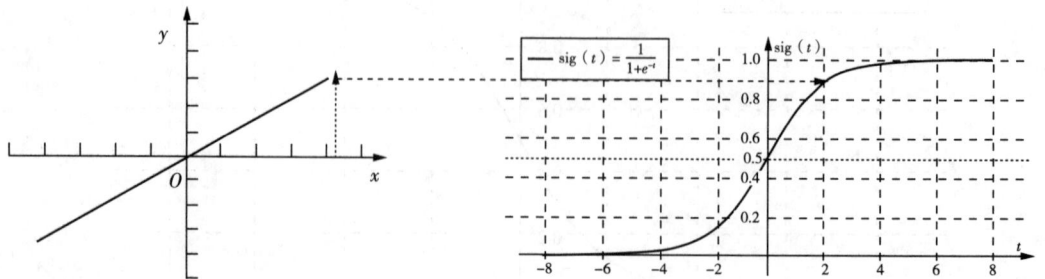

图 13-4　Sigmoid 函数关于回归 y 值大于 0 的映射

如图 13-4 所示,y 值大于 0,即将大于 0 的数据映射到 0.5~1,且 y 越大,$\text{sig}(y)$趋于 1。

13.1.2　Sigmoid 函数的优缺点

1. Sigmoid 函数的优点

① Sigmoid 函数将任意实数映射到了[0,1],适合将输出值限制在概率范围内。

② Sigmoid 函数可以被看作激活数和神经元输出之间的转换器,这种形式的转换器易于使用和理解。

③ 在逻辑回归任务中,Sigmoid 函数返回值的范围很适合表示逻辑回归模型中的概率,并可用于预测二元变量的概率值。

2. Sigmoid 函数的缺点

① Sigmoid 函数具有梯度消失的问题,即在函数的极端值(接近 0 或 1)处出现了梯度很小的情况,这可能导致模型在训练过程中收敛缓慢。

② Sigmoid 函数在函数值接近 0 或 1 时,输出变化非常缓慢,这将使得神经网络在这些值范围内的计算效率变低。

③ 当 Sigmoid 函数被应用到神经网络中时,需要对其进行归一化,而归一化将增加计算的复杂度和存储空间。

13.2　决策边界

13.2.1　决策边界的概念

决策边界就是能够把样本正确分类的一条边界,如图 13-5 所示。其主要包括线性决策边界(Linear Decision Boundaries)和非线性决策边界(Non-Linear Decision Boundaries)。通过决策边界可以直接根据样本在特征空间的位置对该样本的类型进行预测。

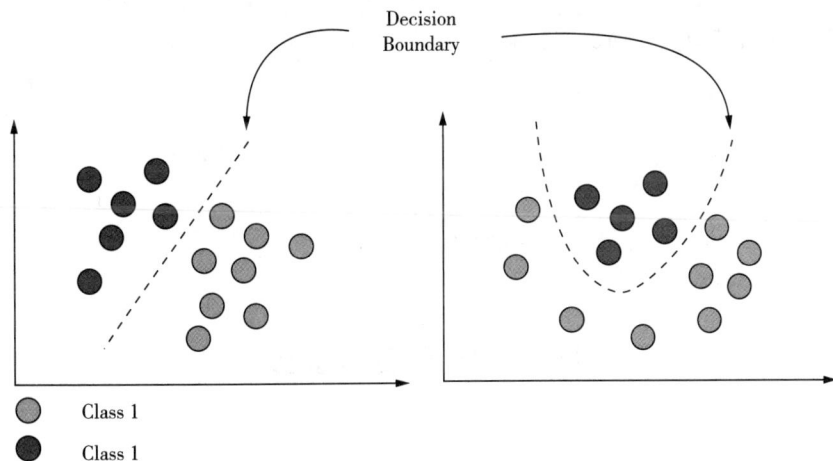

图 13-5　决策边界

注意：决策边界是假设函数的属性，由参数决定，而不是由数据集的特征决定。

13.2.2 逻辑回归中的决策边界

通过 Sigmoid 函数返回一个介于 0 和 1 之间的概率。为了将其映射到离散类别（正例、负例），我们选择一个阈值或临界点，高于该阈值或临界点，把样本标记为正例；低于该阈值或临界，把样本标记为负例。逻辑回归中的决策边界如图 13－6 所示。例如，阈值 p 为 0.5，大于等于阈值样本标签为 1，小于阈值样本标签为 0，即 $p \geqslant 0.5$，class＝1；$p < 0.5$，class＝0。

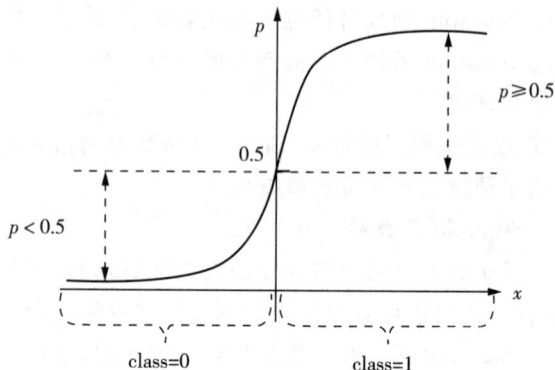

图 13－6　逻辑回归中的决策边界

13.2.3 逻辑回归

逻辑回归虽然含有回归二字，但是逻辑回归是用来解决分类问题的。其中，回归模型的输出是连续的，分类模型的输出是离散的。简单地说，逻辑回归是对特征做加权相加后，输入给 Sigmoid 函数，Sigmoid 函数返回一个在[0,1]的数。

假设线性回归方程见式(13－1)。

$$y = (\beta_0 + \beta_1 x_1 + \beta_2 x_2 + \cdots\cdots + \beta_n x_n) \qquad 式(13-1)$$

Sigmoid 函数见式(13－2)。

$$\mathrm{sig}(t) = \frac{1}{1 + e^{-t}} \qquad 式(13-2)$$

那么逻辑回归模型见式(13－3)。

$$\begin{aligned}
h_\beta(x) &= \mathrm{sig}(y) \\
&= \mathrm{sig}(\beta_0 + \beta_1 x_1 + \beta_2 x_2 + \cdots\cdots + \beta_n x_n) \\
&= \frac{1}{1 + e^{-(\beta_0 + \beta_1 x_1 + \beta_2 x_2 + \cdots\cdots + \beta_n x_n)}} \qquad 式(13-3)
\end{aligned}$$

13.3　求解模型参数

13.3.1　求解参数过程

参数求解基本流程如图 13－7 所示。

图 13-7　参数求解基本流程

13.3.2　构造逻辑回归基本函数

逻辑回归与线性回归、Sigmoid 函数之间的关系：逻辑回归＝线性回归＋Sigmoid 函数。即将线性回归的结果输入 Sigmoid 函数。

假设线性回归方程见式(13-4)。

$$y=(\beta_0+\beta_1 x_1+\beta_2 x_2+\cdots\cdots+\beta_n x_n)$$ 式(13-4)

Sigmoid 函数见式(13-5)。

$$\mathrm{sig}(t)=\frac{1}{1+e^{-t}}$$ 式(13-5)

那么逻辑回归模型见式(13-6)。

$$
\begin{aligned}
h_\beta(x)&=\mathrm{sig}(y)\\
&=sig(\beta_0+\beta_1 x_1+\beta_2 x_2+\cdots\cdots+\beta_n x_n)\\
&=\frac{1}{1+e^{-(\beta_0+\beta_1 x_1+\beta_2 x_2+\cdots\cdots+\beta_n x_n)}}
\end{aligned}
$$ 式(13-6)

求参数 $\beta_0,\beta_1,\beta_2,\cdots,\beta_n$。

13.3.3　构造损失函数

损失函数用来评价模型的预测值和真实值不一样程度，误差越小，损失函数越好，通常模型的性能越好。

在求解分类问题时，由于逻辑回归的线性关系不存在，我们并不能直接求出因变量 y 与自变量 x 的关系，只知道当 x 为任意值时，$y=1$ 或 $y=0$，即

$y=1$ 时：$p(y=1|x,\beta)=h_\beta(x)=\dfrac{1}{1+e^{-(\beta_0+\beta_1 x_1+\beta_2 x_2+\cdots\cdots+\beta_n x_n)}}$；

$y=0$ 时：$p(y=0|x,\beta)=1-h_\beta(x)$

13.3.4　构造优化方法

梯度下降法(Gradient Descent)是一个一阶最优化算法。要使用梯度下降法找到一个函数的局部极小值，必须向函数上当前点对应梯度(或者是近似梯度)的反方向的规定步长距离点进行迭代搜索。如果相反地向梯度正方向迭代进行搜索，则会接近函数的局部极大值点，这个过程被称为梯度上升法。

以一个人下山为例讲解梯度下降法的步骤：

① 明确自己所处的位置；

② 找到现在所处位置下降最快的方向；

③ 沿着第二步找到的方向走一个步长，到达新的位置，且新位置低于刚才的位置；

④ 判断是否下山，如果还没有到最低点继续①，如果已经到最低点，则停止。

用梯度下降法求解参数最重要的是找到下降最快的方向和确定要走的步长。

1. 确定下降方向

梯度的方向是函数在给定点上升最快的方向，那么梯度的反方向就是函数在给定点下降最快的方向。即：

$$\frac{\partial J(\beta)}{\partial J(\beta_j)} = \frac{1}{m}\sum_{i=1}^{m}\left[h_\beta(x^i - y^i)x_j{}^i\right], \quad (j = 1, 2, \cdots, n)$$

$$h_\beta(x) = \frac{1}{1 + e^{-(\beta_0 + \beta_1 x_1 + \beta_2 x_2 + \cdots + \beta_n x_n)}}$$

式中，x^i：第 i 个样本特征数据；

y^i：第 i 个样本的标签；

J：第 j 个属性；

m：样本的个数；

n：属性个数。

2. 确定下降速度

步长也被称为学习率，用于控制下降的速度。步长的大小要视情况而定。

3. 确定下降方向和速度后，更新迭代并求出参数

$$\beta_i = \beta_j - \alpha\frac{\partial J(\beta)}{\partial J(\beta_j)}, \quad (j = 1, 2, \cdots, n)$$

$$\beta_i = \beta_j - \alpha\frac{1}{m}\sum_{i=1}^{m}\left[h_\beta(x^i - y^i)x_j{}^i\right], \quad (j = 1, 2, \cdots, n)$$

式中，α：步长（学习效率）。

4. 停止迭代

迭代停止条件一般是迭代达到一定次数或学习曲线小于某个阈值。

第14章 基于逻辑回归预测员工流失

● 了解逻辑回归预测员工流失的流程。

● 掌握逻辑回归预测——优惠券使用。

14.1 基于逻辑回归预测员工流失

14.1.1 项目介绍

1. 项目背景

根据"黄金定律"二八法则,企业80%的利润是由20%的产品创造的,企业20%的员工创造了80%的价值。正如通用汽车前总经理艾尔弗雷德·斯隆所说:"拿走我的资产,但请把我公司的人才留给我。五年后,我会拿回原有的一切。"可见,高素质的核心员工对企业的发展至关重要。

近年来,劳动力市场逐步规范,人们的就业观和择业观发生了变化,人员流动也越来越频繁。企业培养人才需要大量的成本,为了防止人才流失,应当注重员工流失分析。员工流失分析是评估公司员工流动率的过程,目的是找到影响员工流失的主要因素,预测未来的员工离职状况,减少重要价值员工流失情况的发生。

2. 项目数据

数据来源:Github。

影响员工离职的各种因素:员工满意度、绩效考核、参与项目数、平均每月工作时长、工作年限、是否发生过工作差错、5年内是否升职、薪资。

数据大小:900行×9列。

3. 项目目标

(1)基于是否离职相关数据,利用逻辑回归算法建立模型,预测员工是否会离职。

(2)熟悉项目实现流程。

4. 项目实现方式

(1)数据挖掘工可能。

(2)Python语言实现。

14.1.2 项目实现过程

1. 项目之数据挖掘工具项目实现过程

（1）选择数据源

① 点击"选择数据源"。

② 选择内置的数据：员工离职信息.csv3。

③ 点击"保存"。

（2）配置模型

① 点击"配置模型"。

② 选择逻辑回归。

③ 选择自变量：员工满意度、最新绩效考核、参与项目数、平均每月工作时长、工作年限、是否发生过工作差错、5 年内是否升职、薪资。

④ 选择因变量：是否会离职。

⑤ 填写测试集比例：0.25。

⑥ 点击"保存"。

（3）开始建模

① 开始建模。

② 查看训练结果。

（4）设置预测结束时间

点击选择预测数据、选择内置数据："员工离职信息预测数据.csv"，点击"保存"。

（5）开始预测

① 点击"开始预测"。

② 查看预测结果。

2. Python 实现过程

（1）导入 Python 库

```
import pandas as pd
import numpy as np
from sklearn.linear_model import LogisticRegression
from sklearn.metrics import classification_report
import joblib
```

（2）读取数据

```
df_train = pd.read_excel('员工流失预测/数据结果/训练集数据.xlsx')
df_test = pd.read_excel('员工流失预测/数据结果/测试集数据.xlsx')
print(df_train.head())
print('****************************************************************')
print(df_test.head())
```

（3）读取训练集、测试集数据

```
train_x = df_train.loc[:,df_train.columns != '是否离职']
column_names = train_x.columns.tolist()
train_y = df_train.loc[:,df_train.columns == '是否离职']
test_x = df_test.loc[:,df_test.columns != '是否离职']
test_y = df_test.loc[:,df_test.columns == '是否离职']
print(train_x.head())
print(train_y.head())
```

（4）建立模型

```
model = LogisticRegression(solver = 'liblinear')
model.fit(train_x,train_y)
```

（5）模型评估

```
pred_y = model.predict(test_x)
print('分类指标的文本报告:')
print(classification_report(test_y,pred_y))
```

（6）保存权重

```
df_weight = pd.DataFrame(model.coef_).T
df_weight.columns = ['权重']
df_weight['变量名'] = column_names
df_weight.to_csv('员工流失预测/数据结果/属性权重.csv',index = False,encoding = 'utf -
8 - sig')
print(df_weight)
```

（7）保存模型

```
joblib.dump(model,'员工流失预测/数据结果/员工离职模型.pkl')
```

14.1.4　项目总结

1. 根据建立的模型，得出员工离职因素的权重

员工是否会离职与员工满意度、参与项目数、是否发生过工作差错、5 年内是否升职、薪资呈负相关,而且与员工满意度关联度最大,即员工对工作越满意越不会离职。

员工是否会离职与最新绩效考核、平均每月工作时长、工作年限呈正相关,其中与最新绩效考核关联度最大,即最新绩效考核越严格员工离职可能性越大。

2. **建议**

① 建立良好的考核、晋升机制,公平公正。

② 建立良好的薪酬体系。

③ 合理分配员工的工作,能做更多工作的人也应该得到更多。

④ 注重企业文化建设,尊重员工意见。

注意:每次运行的结果可能会不一样,这是因为随机选择训练集数据训练模型,会导致模型不一样,但是模型差别不大。

14.2 基于逻辑回归预测客户是否使用优惠券

14.2.1 项目介绍

1. **案例背景**

"双十一"即将来临,某电商发了大量优惠券刺激消费者进行消费。为了提高优惠券的使用率,某电商基于以前顾客消费信息预测哪些客户会使用"双十一"的优惠券。

2. **任务目标**

利用基于逻辑回归的方法预测客户是否会使用优惠券。

3. **实现方式**

(1)数据挖掘工具。

(2)Python 语言。

14.2.2 项目实现过程

1. **数据挖掘工具实现过程**

(1)选择数据源

① 点击"选择数据源",弹出选择数据源框。

② 点击"上传数据源",弹出上传数据源框。

③ 点击或者通过拖拽文件到区域内完成上传,这里数据支持的文件格式有 .xls, .xlsx,.txt,.csv,单个文件不能超过 10M。点击"保存"。

(2)查看数据源

① 点击"查看数据源"。

② 观察数据源,含有字段和数据。

③ 观察数据源是否还有缺失值、异常字符、异常值。

(3)配置模型

① 点击"配置模型",弹出模型库。

② 选择分类分析模型中的逻辑回归,弹出逻辑回归参数设置框。

③ 点击"选择自变量和因变量中的相应字段"。

④ 测试集比例：回归模型机器学习中所用的测试集的比例，建议填写 0.2～0.3。例如：
0.2 表示测试集比例是 0.2，训练集比例是 0.8。

（4）开始建模

查看建模结果。

（5）选择预测数据源

① 点击"选择预测数据源"，弹出选择数据源框。

② 点击"上传数据源"，弹出上传数据源框。

③ 点击或者通过拖拽文件到区域内完成上传，这里数据支持的文件格式有 .xls，
.xlsx，.txt，.csv，单个文件不能超过 10M。点击"保存"。

（6）开始预测

查看预测结果。

2. 项目之 Python 实现过程

（1）导入 Python 库文件

（2）获取数据

利用 pandas 的 read_excel 方法获取数据。

（3）数据预处理

① 删除含有空值数据的记录；

② 删除重复的记录，保留第一条记录。

（4）数据分析

（5）拆分数据集

① 利用 sklearn 的 train_test_split 将自变量的数据分为训练集与测试集，训练集：测
试集＝8：2。

② 将因变量的数据分为训练集与测试集，训练集：测试集＝8：2。

（6）建立模型

利用 sklearn 的 LogisticRegression 建立模型。

（7）训练模型

利用拆分后的训练集数据训练模型。

（8）评估模型

① 利用模型预测测试集的结果。

② 利用 sklearn 的 classification_report 方法计算测试集结果与测试集真实数据的精确
度、召回率、F_1-score。

（9）查看模型

① 输出模型的权重，截距。

② 保存测试集预测结果。

（10）模型预测

① 获取预测数据。

② 将预测数据输入已建的模型预测客户是否会使用优惠券。

③ 保存预测结果。

参 考 文 献

[1] 财政部.企业会计准则[M].上海:立信会计出版社,2023.

[2] 李爱华.数据挖掘与 Python 实践[M].北京:高等教育出版社,2023.

[3] 吴杏,梁毅娟,李倩.Python 数据分析与挖掘[M].北京:高等教育出版社,2023.

[4] 孙家泽,王曙燕.数据挖掘算法与应用:Python 实现[M].北京:清华大学出版社,2020.

[5] 徐雪琪.数据挖掘方法与应用[M].北京:清华大学出版社,2020.

[6] 刘礼培,张良均.Python 数据可视化实战[M].北京:人民邮电出版社,2022.

[7] 于会.商务智能技术[M].西安:西北工业大学出版社,2022.

[8] 陈晓红,寇纲,刘咏梅.商务智能与数据挖掘[M].北京:高等教育出版社,2018.

[9] 蒋盛益.商务数据挖掘与应用(第 2 版)[M].北京:电子工业出版社,2020.

[10] 柴欣,李娟,朱怀忠.数据挖掘技术与应用教程[M].北京:科学出版社,2022.

[11] 王振武.数据挖掘算法原理与实现(第 2 版)[M].北京:清华大学出版社,2017.

[12] 李涛.大数据时代的数据挖掘[M].北京:人民邮电出版社,2019.

[13] 王振武.数据挖掘算法原理与实现(第 2 版)[M].北京:清华大学出版社,2017.

[14] 毛国君,段立娟,贺文武.数据挖掘原理与算法(第 4 版)[M].北京:清华大学出版社,2023.